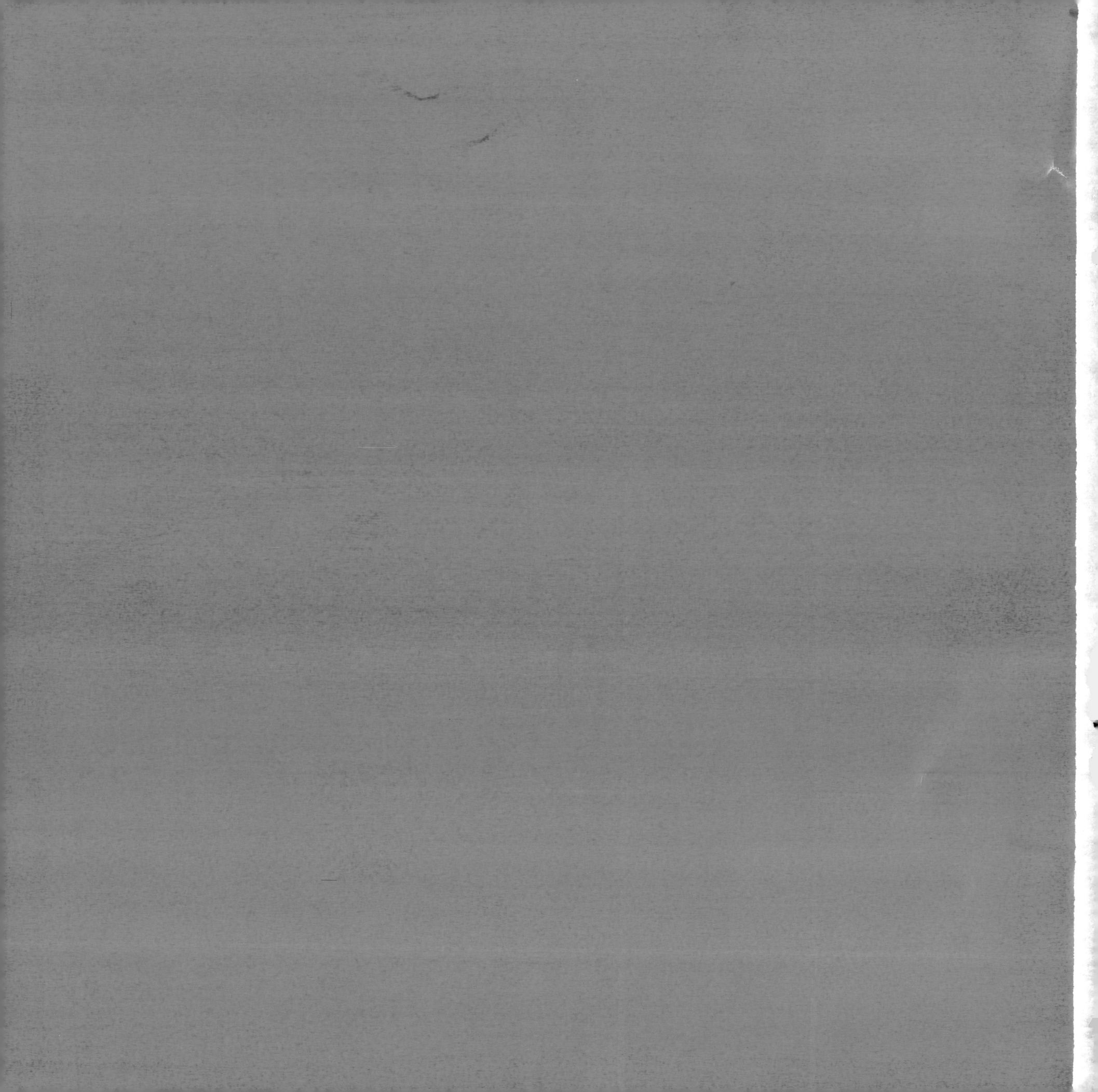

东膳西酿

葡萄酒与亚洲菜肴搭配
ASIAN PALATE

这本书

是一段旅程

为了清楚地阐明

某些我们知道的、热爱着

并每日感谢的——

一顿美餐带来的

简单快乐

上海文艺出版社

谨以此书，献给我的父母——

我的母亲，教会我如何享受美食，如何真诚无私地爱，如何用热情拥抱生活……

我的父亲，用榜样教会我，要让生命有尊严和诚信……

This book is dedicated to my parents:

My mother, who taught me how to savour food, love unconditionally and embrace life with passion.

My father, who taught me by example how to live life with dignity and integrity.

음식을 음미하는 법과 조건없이 사랑하는 법, 그리고 삶을 열정적으로 살아가는 법을 가르쳐주신 어머니,

고귀하고 청렴결백한 인생이란 어떤 것인지 몸소 실천해 보여주신 아버지,

사랑하는 두 분께 이 책을 바칩니다.

致中文读者序

李志延
Jeannie Cho Lee

《东膳西酿:葡萄酒与亚洲菜肴搭配》受到了世界各地的葡萄酒与美食爱好者的推崇,这使我感到受宠若惊!读了他们的来信和电子邮件,我获得的感动,甚至超过了本书获得众多奖项时!那些来自欧洲各地,以及美国、泰国、澳大利亚的读者一直与我保持着各种联系,他们告诉我,他们是多么喜欢这本书,读了这本书后,他们感觉自己在享用亚洲美食时,能更自信、更从容、更惬意地品味葡萄酒。而这,正是我当初写作本书的目的所在!

葡萄酒文化已经渗透到了我们的生活当中。在中国,它已横跨各大城市,改变了我们的饮食习惯,给我们带来全新的味觉体验。作为香港的永久居民,我在过去的18年里有机会经常享用中国的各类菜肴,我发现葡萄酒正在改变着我们对膳食的看法,使我们能更深刻地思考美食与美酒的关系。葡萄酒帮助我们放缓生活的节奏,帮助我们细细品味其中的更多滋味,使我们能获得更多的乐趣。

作为世界上葡萄酒消费增长最快、规模最大的地区,我们应担当有关葡萄酒与丰富的烹饪传统讨论的主导。根据2010年"国际葡萄与葡萄酒组织"(Organisation of Vine and Wine)报告,中国目前是世界上前6位葡萄酒酿造商之一,也是前6位消费者之一。所有这些变化就发生在近十年间。

我写作《东膳西酿:葡萄酒与亚洲菜肴搭配》一书的部分目的,是想打破那些由西方概念借鉴而来的美食与葡萄酒搭配的"陈规"。在讨论美酒美食的搭配时,本书力争提供一种帮助大家识别的指导性原则,而不是以"宣告"的方式来推介所谓"定规"。各地的饮食文化都是独一无二、与众不同的,中国美食与葡萄酒的搭配也与亚洲其他地区一样,需要一个全新的范式。

我们没有只吃自己餐盘里的食物的用餐习惯——我们喜欢把筷子和汤匙伸进餐桌中央共享的菜盘和汤盆中。我们每一口进食都能享受到不同的风味,我们津津乐道于这种不断变化……与之相映衬,我们需要的葡萄酒类型也是多元的:有质感,能调动菜肴的风味和鲜味……

于是,我们需要重新审视我们的期望,以及餐桌上葡萄酒的作用。在一次精致的法式餐或意大利餐中,葡萄酒能提升我们对美食的品鉴;然而,亚洲美食本身就风味多样,即使没有酒,也绝对美味。所以,作为一个亚洲美食爱好者,依我的经验,葡萄酒和亚洲美食的联姻,最好是相得益彰,而非庄严肃穆。

典型的亚洲餐(包括众多的调味品和酱料)口味通常比较多样,一款葡萄酒很少能与所有的菜肴和风味都相得益彰。在这种情况下,按菜肴的风格去选配葡萄酒才更合适,并能提升享用美食的快乐。要记住:不必每吃一口菜都呷一口葡萄酒,你可以选择能提升菜肴口味的美食美酒组合。

人们对葡萄酒的热忱与激情正在中国大地上迅速蔓延。这一点我已充分感觉到了。在其他地方,亚洲菜肴和配料也正为西方的主要城市所接纳。葡萄酒和亚洲美食的搭配已不再局限于东方各国,而是逐渐流行于世界各地。《东膳西酿:葡萄酒与亚洲菜肴搭配》英文版正畅销,其第二次印刷正与这个中文版同步进行中……这是越来越多的人在享受亚洲美食的同时品鉴葡萄酒的见证。

我们带着我们独特的饮食习惯和口味,从不同的角度,按各自的需要来接纳葡萄酒。本书愿意开启"中国口味"或"亚洲口味"的一系列重要讨论,但愿它能起到抛砖引玉的作用。当然,这可能要经历一代人或两代人才会得到具体的定义或结论。但答案其实并不重要,重要的是整个旅程。

我认为,我的这趟"发现之旅"所引发的讨论,使我们这一代人可以开始对话。我们鼓励实践,鼓励社会交往,更为重要的是,马上放下一切杂念,与你的朋友和家人一起去享用那伟大的葡萄酒和美食吧!这才是我写作《东膳西酿:葡萄酒与亚洲菜肴搭配》一书的最终意图。

2011年8月

关于作者

李志延是全球首位被授予葡萄酒大师（Master of Wine, 简称MW）称号的亚洲人。出于对葡萄酒及美食的热爱，她于2010年创立了网站"东膳西酿"：www.AsianPalate.com。这个网站主要推介亚洲美食和葡萄酒，以及美酒美食的专业化、个性化搭配，其间有上万篇李志延对葡萄酒的评级和评论文章。

作者开设葡萄酒专栏评论已有近20年历史了。她现在担任英国《品醇客》（Decanter）杂志的亚洲版特邀编辑，《财资》（The Asset）的特邀编辑。多年来她一直定期为《葡萄酒鉴赏家》（Wine Spectator）、《葡萄酒评论》（Revue du Vin）、《澳洲美食旅行者》和《Tatler》杂志的"最佳餐厅指南"撰写专栏文章，并在《南华早报》（香港）、《第一财经日报》、《品醇客》（台湾版）、《望》（韩文版和中文版）开设葡萄酒专栏。

作为新加坡航空公司的葡萄酒顾问，李志延参与了为其所有航线选择葡萄酒的咨询工作。她也是澳门银河度假村的葡萄酒顾问，负责为其制定主酒单，并为其五十多家餐厅和商店选择葡萄酒。

她还是一位很受欢迎的演讲人和评委。她为葡萄酒大师学院、Vinexpo、Vinitaly以及格兰迪-马奇（Grandi-Marchi）等机构主持过研讨会、小组讨论以及大师班；担任过《品醇客》世界葡萄酒大奖、皇家阿得莱德（Royal Adelaide）葡萄酒展的评委。2009年，她因对葡萄酒界的卓著贡献而荣获"Vinitaly"颁发的杰出奖。

美食与美酒，始终是李志延的两个最爱。她有法国蓝带烹饪学院颁发的蓝带烹饪（Cordon Bleu）证书，是英国葡萄酒及烈酒教育基金会、美国葡萄酒教育家协会认证的葡萄酒讲师，还是日本清酒协会认证的清酒品酒师。她学识丰厚，涉猎广博，持有美国史密斯学院政治学和社会学的双学士学位，以及哈佛大学公共政策和国际关系学的硕士学位。

出生于韩国的李志延，曾经在世界各地旅居，现在与丈夫和四个女儿定居香港。

出版缘起

朱明晖
Andrea Mingfai Chu

大约一年前，在香港好友、葡萄酒资深人士Arthur Wang夫妇的热情推荐下，我第一次看到《东膳西酿：葡萄酒与亚洲菜肴搭配》(Asian Palate) 英文版，并认识了葡萄酒大师李志延 (Jeannie Cho Lee) 女士，朋友们都亲切地称呼她 "Jeannie"。

当时我刚考好英国葡萄酒与烈酒基金会WSET的中级课程，也已经结识了一批志同道合、无酒不欢的朋友。我发现自己已经不知不觉地迷上了葡萄酒，并对葡萄酒这门貌似很神秘的学问产生了浓厚的兴趣。

经历了WSET的考试，我对葡萄酒大师有了无比的敬仰，因为我亲身体验了葡萄酒考试的艰苦历程。拿到葡萄酒大师的资格更要通过层层筛选，从葡萄栽培到酿制，从市场运作到分销，大量相关知识要尽在心中，还要不停地品酒、品酒再品酒……世界上拥有 "葡萄酒大师" 资格的人比宇航员还要少，迄今为止只有不到300位，Jeannie是其中为数不多的女性，而且是唯一的亚裔。

如何将美食与美酒进行完美配搭，这永远是个很个人的问题。在英语中，食物与酒的搭配为wine pairing（葡萄酒搭配），在法语里为mariage des mets et vins（酒菜联姻）。究竟如何才是最完美的搭配？书中提及的相关葡萄酒就一定是那些亚洲著名菜肴的最佳搭配吗？作者Jeannie是第一位得到MW葡萄酒大师头衔的亚裔，但她是位韩裔美国人，在韩国出生，在美国长大，近二十年来又一直定居香港，那么，她怎么证明这些菜肴与葡萄酒是最佳搭配呢？

好奇心所趋，我马上把全书认真翻看了一遍。

凭着对美酒美食和图书策划的爱好，我很快意识到了这本书的魅力和独到之处。目前国内已经出版了不少很好的有关葡萄酒的书，但我还没有看到过一本非常出色的有关葡萄酒与美食搭配的图文书。对葡萄酒有认识的人士都知道，美酒与美食搭配是一门深奥的学问，在国外还设有侍酒师学位，专门教学生如何为美食搭配美酒。这种搭配是如此的高深莫测，作者在一本书里将横跨八个国家和地区的亚洲十大城市的菜系与葡萄酒的搭配有系统地介绍给读者，的确非常不简单。

既然是葡萄酒大师，就要在个性化的主观评判中具备公允的客观标准。在《东膳西酿：葡萄酒与亚洲菜肴搭配》中，作者Jeannie不是凭借其个人喜好将葡萄酒与相关菜肴随意搭配，而是将每种菜肴的风味，理性地以甜、酸、咸、苦、辣、鲜来分析，并将每款葡萄酒里含有的甜度、酸度、单宁/橡木味、酒精度/酒体和成熟度拿来做分析后，以最客观的方式来作菜肴与美酒的和谐搭配。最后，作者还为每个城市精心挑选了她个人认为最棒的五款葡萄酒（Jeannie's Top 5），以供读者品赏时参考。

作为一位葡萄酒大师，Jeannie在书中用她多年来在葡萄酒界的从业经验给大家一个总结和引导，使大家能找到最适合自己口味的葡萄酒搭配。

在合作过程中，我感觉Jeannie没有傲慢的大师架子，她始终和蔼可亲，我与她的交流很轻松随意。由于工作和出差的关系，我们经常在香港、伦敦、巴黎、澳门等地见面，每次大家都有他乡遇故知般的亲切。我还惊奇地得知她曾经在法国蓝带烹饪学院（Le Cordon Bleu）学习，并获得过证书，多年来还以美食作家的身份为多家国际知名杂志撰稿。近两年来，Jeannie还专门飞去东京学习日本的清酒，并获得了清酒师的资格认定证书……Jeannie经常提醒我，西方有很好的葡萄酒传统和历史，我们东方也有很好的酒！也许就是这些跨界的经历和学习让Jeannie能写出这部看似不可思议的书。

在出版过程中，我常常被作者那些热情介绍当地特色小吃或名贵餐厅的描述所吸引，恨不得马上买张机票飞到那个城市，依照作者的介绍去寻找当地的美食……

在书里，可想而知我们会遇到一些不太常见的葡萄酒以及菜肴的专有名词，对此，我们尽力将它们翻译成了中文，并保留了原文以助大家进一步的参考和研究。

可以想象，《东膳西酿：葡萄酒与亚洲菜肴搭配》的中文版出版后，会在国内葡萄酒界、饮食界，以及广大葡萄酒爱好者中引发一些有意思的讨论。当我告诉Jeannie这个可能性时，Jeannie很开心，她期待听到来自国内读者的对这本书的反馈和互动。有兴趣的读者可以在Jeannie的网站AsianPalate.com上面留言，也请大家关注 "东膳西酿" 的新浪微博：AsianPalate东膳西酿（http://weibo.com/apalate）。

最后祝愿各位happy reading, happy drinking, happy dinning（好读、好喝、好吃）！

2011年8月8日，上海

朱明晖 香港书艺社出版人。2002年她返回故乡上海，并出任贝塔斯曼亚洲出版公司总监。曾与德国Taschen出版社合作，参与《生活在中国》一书的出版工作。2009年，她创作了中英文双语的《摩登上海老房子》（辽宁科学技术出版社），并由欧洲出版社出版了英语、法语以及西班牙语版的《Shanghai Interiors》。朱小姐曾在美国圣三一大学和乔治城大学就读，获得会计和音乐双学位，并考取了美国执照会计师（CPA）证书。曾担任过金融分析师和美国驻华外交官等职。曾为葡萄酒大师休·约翰逊、杰西斯·罗宾逊，以及著名建筑师保罗·安德鲁、汤姆·梅恩策划过图书的出版工作。多年来一直为建筑及室内设计杂志《缤纷家居》策划和撰稿。

前 言

斯蒂芬·史普瑞尔
Steven Spurrier

令欧洲人意见一致的事情并不多,其中一件是今后的二三十年乃至更长的时间,亚洲将引领全球;另外一件则是,亚洲的烹饪文化是世界上最古老的文化,也是最神秘莫测的文化,因为它是完完全全的区域性文化,从这个街头到那个巷尾,人们不断改变着对每一种烹饪文化的诠释和演绎。

因此,一本较为全面的关于亚洲烹饪文化的书籍,可能会比《圣经》还要厚,这就是为什么李志延的这本《东膳西酿》如此完美、如此出色的原因所在了。这本书详细介绍了亚洲十大主要城市的特色美食,讲述了它们的食材准备、风味,以及用以佐餐的葡萄酒选择等等,非常全面。

我从事葡萄酒业工作已有四十多年,长期在世界各地游走和工作,关于葡萄酒与美食佐餐,我有一个口头禅,即"饮酒是一种情调,而不是为了吃饱"。这种以个人的身体力行来亲密接触、了解葡萄酒的方式是必须的,这一点作者做到了,但她的读者们不一定有这种体验,这就使她书中的"葡萄酒小贴士"显得非常有帮助:考虑——风味以及每例小菜的结构;选择——适合佐餐的葡萄酒款型;推介——来自不同地区的合适的葡萄酒;禁忌——易发生的选择失误。它们简明扼要,直截了当,尤其需要通过李志延这样独特的个人体验将之付诸文字。事实上,2008年她获得亚洲首位葡萄酒大师(全世界拥有该尊号的人不足300人)的荣誉,就是对她所作努力的表彰……我们向她表示敬意。

与现今陈列于书架的美食书籍相比,《东膳西酿》拥有更多的"第一":第一本全面介绍亚洲美食与葡萄酒渊源的书,它详细叙述了亚洲十大美食城市的餐饮文化及演变历史;第一次尝试着为各种口味的独特小吃、传统的共享用餐及隆重的正式宴会推介合适的葡萄酒;第一次讨论了"鲜味值"的概念,深入阐述了美食与葡萄酒的亲密接触。

最后,也是最为重要的一点,这是一本完全私人经验的书。各地的历史、地理,人与美食、葡萄酒的关系,都通过作者的亲历亲为而融入到文字中。这不像某些书那样,居高临下地向读者演讲,而是作者深入到她那庞大的主题中,为我们打开一扇门,为我们引来一股清新的空气。同时,作者也睁大着眼睛,关注并随时体验着亚洲口味中任何人们感兴趣的东西……

斯蒂芬·史普瑞尔 1964年开始从事葡萄酒贸易,是葡萄酒业公认的标志性人物之一。作为一个备受推崇,屡获殊荣的葡萄酒顾问、酒评家、葡萄酒教育家和作家,他组织了著名的1976年巴黎品酒会。斯蒂芬目前是佳士得葡萄酒课程主任、新加坡航空公司的葡萄酒顾问,还是国际著名葡萄酒杂志《品醇客》的顾问编辑。

致 谢

这本书得以出版，得力于许多人在此期间所起的至关重要的作用。我要特别感谢"财资丛书"这个杰出的团队，它手把手地带我前行，在那几年中给予我最鼎力的支持。我特别感谢我的朋友Daniel Yu，他是"资产丛书"的总编辑，自始至终给予我支持和鼓励；我要感谢Arleen Perez，本书的英文版编辑，他给了我难能可贵的忠告，为我提供了最专业的编辑支持；Sarah Sargent总编，慷慨地给予我专业方面的指点；Manuel Rubio，本书的设计主任，在本书的制作过程中一直给予我富有创意的建议；Simon Yau从技术角度给了我建议；Don Rider、Alice Yu、Michael Hinc和Timothy Richardson，他们的热情投入都给了我极大的支持。

提及书中的大量富有创意的美食图片，我必须赞美Riana Chow，这位异乎寻常的美食造型师。从那些精美绝伦的图片中，我们能感受到她那独特的风格和对细节的注重。我要感谢整个ChinaStylus团队，特别是Jay Foss Cole、Lui Yeung、MOni Leung以及Fever Chu，他们做了非常了不起的工作，将复杂的葡萄酒与美食佐餐之理念演绎成一种时尚而易于接受的载体……

我信任并以之为依靠的烹饪专业顾问们，是我必不可少的智囊团，他们是我获取美食与葡萄酒在当地真实风貌的信息源。Riana Chow负责提供香港、北京及上海部分的内容；Hsueh Sung负责台北部分；Ch'ng Poh Tiong负责新加坡和吉隆坡部分；Kim Wachtveitl负责曼谷部分；Sanjay Menon负责孟买部分；Yuka Kudo则负责东京部分。

我要特别感谢我的美好、合满的家庭：我的父母总是及时伸出援助之手；我的丈夫Joe总是那么信任我；我的漂亮的宝贝女儿们，Katherine、Lauren、Christina和Julia，她们在天真幼稚的年龄就学着旋动酒杯、闻着酒香，品尝葡萄酒与美食；我的姐姐Aimee，我真希望她能住得更近些；我的哥哥Doug和嫂嫂Joanne，他们是我的拉拉队队长；还有婶婶Susan和叔叔Kim Keejoon，以及那些散居在韩国和美国的我的家族的其他成员——谢谢你们，谢谢你们的支持！

在美食与葡萄酒的世界里，还有很多的人感染着我，帮助我形成思想，并创作了本书，我却无法在此将他们的名字一一道来……不管怎样，我要由衷感谢下列名单中那些生活在本书所述及的各大城市里的无可比拟的顾问们，在探索亚洲美食与葡萄酒佐餐的道路上，他们是我志同道合的朋友，对我至关重要。

香港: Riana Chow, Savio Chow, Wilson Kwok, Amanda Parker, Winnie Wong, Nicholas Pegna, Eric Desgouttes, Vincent Cheung, Yuda Chan, Johnny Chan, JD Lee, Jane Lee, Young Ah Choi, Christian Decharnace, Gene Reilly, Mika Sugitani, Morgan Sze, Bobbi Hernandez, Ted Powers, Victoria Powers, Chris Robinson, Nigel Bruce, Michael Shum, Barry Burton, TK Chiang, Madelaine Stellar, James Lim, Randy See, Jacques Boissier, Moses Tsang, Angela Tsang, Paolo Pong, Alvin Leung, Claire KH Nam, Janny Lo, Mamta Singh, John Koo, John Chow, KK Wong, Edward Fung, Catherine Kwai, Felipe Santos, David Webster, Patricio de la Fuente Saez, Michael Brady, Pinky Brady, Judy Leissner, George Ho, Lionel Fischer, Francis Gouten, Joanne Ooi, Gus Liem, Sarah Wong

台湾: Hsueh Sung, Stella Sung, Wood Chan, TS Tsai, Aileen Lan, David Liu, Joseph Li, William Hsu Jr, Joseph Pi, Patrick Hsu, Raymond Lin, Yvonne Lin

首尔: Seh Yong Lee, Sohn Hyun Joo, Yong Shin, Johnathon Yi, AK Yoo, Hi Sang Lee, Hyun Min Seo, Tony Chey

新加坡和吉隆坡: Ch'ng Poh Tiong, NK Yong, Melina Yong, Ignatius Chan, John Lo, Alyce Lo, Goh Yew Lin, KF Seetoh, Don Tay, Teng Wee Jeh, Lee Mei Li, Desmond Lim

曼谷: Nick Reitmeier, Tom Chatjaval, Ross Edward Marks, Norbert Kostner, Kim Wachtveitl, Bo Lan, Dylan Jones, Ian Kittichai, Sarah Chang, Bernie Cooper

上海和北京: Fongyee Walker, Edward Ragg, Frank Yu, Handel Lee, Marcus Ford, Andrew Bigbee, Andrew Leung

孟买: Sanjay Menon, Jasjit Singh, Shahid Sous, Vivek Agarwal, Nina Agarwal, Rajeev Samant, Hemant Oberoi, Vishal Kadakia, Magandeep Singh

东京: Fumiko Arisaka, Yuka Kudo, Hayato Kojima, Mika Sugitani, Yasuhisa Hirose, Shigekazu Misawa, Ayana Misawa, Natsuko Honda, Seiji Yamamoto, Mamoru Sugiyama, Yumi Tanabe, Hiroki Matsumoto, Naoko Sakuda

我也要感谢下列摄影师们，他们为本书添加了生动精彩的视觉因素：Timon Wehrli和Kate Yee主持的"Red Dog工作室"，这个一流团队为本书提供了精美漂亮的美食图片。迷人的Vincent Tsang和他的"Why Envy Photography"团队，为本书封面提供了绝美的照片，包括书中所有我的照片。下列餐厅及其可爱的员工们在他们的职责之外，为我提供了许多美味佳肴用以摄影，并收入到本书中——谢谢你们，谢谢你们为本书作出的每一份努力！

Bombay Dream, Dining Concepts Limited: Garry Bissett, Ashu Bisht, Celia Cheng

辣椒会: S. Lau

明家韩国料理: Young Mi Choi, Jon Tsang

滩万日本料理，港岛香格里拉大酒店: Ilona Yim, Wilson Qian

沙嗲轩，城市花园酒店: I Ellen So

鹿鸣春饭店: Kee Shun Chan

夜上海，精英概念: Damien Chang, Adwin Lau

镛记酒家企业有限公司: Kin Sen Kam, Ronald Kam, Yvonne Kam, Michael Kam

特别致谢: Daniel Chui, Doris Ho, Michael Lau, Liza Lee, Monica Kong, Ma Ming Man, Glendy Sun, May Yu

CONTENTS
目 录

第一章 亚洲人的味觉

介 绍

我是先喜欢上美食以及与美食相关的一切，继而再爱上酒的。我母亲是一个才华横溢的烹饪家，她那无与伦比的双手催生了各种美味。烹调时，她一直坚持使用最新鲜的，甚至是当天采摘的蔬果。她只买农夫现榨的芝麻油，绝不用超市现成的瓶装品。这一习惯影响了我。读大学时，即便只有普通学生的那点可怜的生活费，也没有压下我遍尝天下美食的奢侈念头。那几年，我一边享受着精美的食物，一边快乐地学习烹饪，感觉生活充满了乐趣。

大约20年前，酒开始成为我餐桌上与米饭、筷子和亚洲辣味调料同等受宠的必备品。我喜欢亚洲菜系，韩国、中国、日本以及泰国的料理，甚至峇峇娘惹菜，都是我的最爱。我还曾在马来西亚居住过将近两年。当人们用汤匙和筷子在汤锅里共同取用食物，并携带它们在装满了各种调味料的盘子里四处游弋时，那种其乐融融是多么美妙啊！是

的，我喜欢在这种家庭式的氛围中享用亚洲料理，一边饮酒，一边津津有味地品尝人生的美好。如果不用考虑酒精引起的诸多麻烦，我真愿意一直这样吃下去！

作为一个"食品和酒"专业的学生，遍数所有食物和酒的搭配原则，我相信许多理论并不适用于亚洲料理。亚洲菜肴那富于变幻的口味，比我能找得到的任何一本教科书里的描述都多得多；那么多的菜系菜品，每一口都是那么的特立独行。令人难以置信的是，许多亚洲料理那不同寻常的口味，早被人们视为理所当然。

我喜欢用酒为亚洲美食佐餐，从而一路探求酒精饮料在亚洲餐饮文化史上的地位。本书所涉及的是食物与酒在历史文化领域发展演变的轨迹，并展示10个不同城市独特的个性化口味，以及各种口味的绝妙混搭。

传统餐桌上最普通的饮料是水和各种茶。每逢农历新年或新婚典礼等正式场合，宴席上可能备有谷物酿造的酒，但这是在享用不同口味的食物前用以清除残留口气的，而不是作为一种正式的酒饮料，或是为食物佐餐。日本的米酒和韩国的烧酒就承担了清除口气的功能。因此，自上个世纪至今，啤酒正以其清新爽口、价廉物美而在亚洲广为受宠。

上图: 碗装米饭 右页: 顺时针依次为: 首尔的夜景; 中国蒸鱼; 蒸虾; 大蒜及辣椒制酱; 孟买Aloo; 生鱼片; 中国式炒蔬菜

含酒精饮料的地位

谷物和水果酿造的酒精饮料，在亚洲已有好几千年历史了。在中国河南的考古现场，人们发掘出至少是公元前8000年用于盛装酒精饮料的瓶子。现在欧洲用于生产优质葡萄酒的维蒂斯·维尼菲拉（Vitis Vinifera）葡萄科属植物，早在2000多年前就已经传入正值汉朝的中国。而在印度，葡萄酒是公元前300年左右由波斯商人传入的。当时这些国家酿造纯葡萄酒的方法还是比较现代化的，他们还经常把葡萄与其他莓果混合起来酿造一种果汁酒。

在中国，这种酒被翻译为"葡萄酒"或"葡萄味酒"。这可以部分地解释为什么"葡萄酒"在亚洲语系中的翻译令人迷惑不解。然而，这个译词又很少用于葡萄酿造的酒上，人们更喜欢用"红酒"一词表达那种颜色红润的酒。因此，葡萄酒和红酒对大多数中国人来说是一个意思。但自从"白酒"或"白色的酒"作为专用词，来定义中国那种无色而清澈透明的烈酒后，白葡萄酒的翻译就更难了。韩国人比较灵活，他们用韩文的"wa-een"或英文的"wine"来代表葡萄酿造的酒，并且用音译法解决了这个问题。

经历了漫长的历史，直到最近的几个世纪，中国、印度以及亚洲其他一些主要国家的人们才逐渐喜欢上了这种纯葡萄酿造的酒。不过，多数人还是喜欢传统的谷物酿造的酒精饮料。在中国，大众化的"黄酒"或"黄色的酒"是由小麦和稻米发酵酿成的，最上品的烈酒是在陶罐里放置了许多年后酿成的。白酒是另一种深受宠爱的本地酒精饮料，约55%的酒精含量，远远高过酒精含量低于20%的黄酒。

自上个世纪开始，啤酒已经成为亚洲人餐桌上的一种普通酒精饮料了。它由欧洲人在几百年前传入，很快为亚洲消费者所青睐，并缔造出本地区的酒精饮料巨头，如麒麟（Kirin）、生力（San Miguel）、青岛和虎牌啤酒制造商。由于啤酒亲民的价格，以及含低度酒精等原因，它已成为人们日常酒精饮料的不二选择。

如今，一种新型的消费趋势正在越来越多的亚洲较富裕的城市中形成，酒可以在不同层次、不同场合下各尽其职：在餐桌上，啤酒或其他传统类酒精饮料通常可以用于佐餐。酒正慢慢地渗透到商务用餐和宴会文化中。随即，一些主要的餐饮场所都相继提供品牌酒、鸡尾酒、啤酒、威士忌以及其他酒精饮料。

酒精饮料常常被作为社交的润滑剂。在更关注拉关系或建立社会关系网的时候，人们往往忽略了对酒饮料本身的品质鉴赏。当人们逐渐热衷于在家中坐享品酒时，这种情况才有所改变，而且新一代的葡萄酒爱好者正努力去理解和欣赏酒瓶里的快乐意义。

	小贴士 5S原则				
	Ⓢ	Ⓢ	Ⓢ	Ⓢ	Ⓢ
食物	**辣味**	**甜味**	**酸味**	**咸味**	**烟熏味**
葡萄酒	清爽的果味型酒	搭配或对比甜味	高酸度的酒或与之形成对比的甜酒	白葡萄酒或低单宁的红酒	果味型、风味馥郁的酒

葡萄酒与亚洲美食

大多数传统谷物类酒，品尝起来都十分中性，虽然偶尔会加入香料和草本；而世界各地的优质葡萄酒则通常带有明显的个性和各自不同的风味。因而，当葡萄酒配餐这一概念被引入亚洲人的餐桌时，难免有些人会忧心忡忡。

如今，关于葡萄酒与亚洲美食搭配的案例已不胜枚举，其中一种方法就是询问目标。我发现大多数食物与葡萄酒搭配都是为了实现以下三种目的：

映衬菜肴的风味

通用规则是葡萄酒不应主导或减弱菜肴的完美口味，而是加强其风味，和谐共处。例：辛辣的炖肉与酒体饱满、辛辣的红酒搭配。

对比

口感上，肥腻配甜味，甜味搭酸味，辛辣味佐甜味，这种对比对亚洲美食来说尤为困难，因为许多精致菜肴的口味会被葡萄酒潜在的浓郁风味，如橡木、单宁以及过重的果味所改变。例：辛辣的炒鸡与中等甜度的葡萄酒搭配。

佐餐

葡萄酒作为陪衬，不破坏菜肴本身的完整口味。菜肴的浓郁度和质感，应与葡萄酒的酒体和酒精含量一致。例：点心搭配轻度酒体黑比诺。

亚洲食物搭配葡萄酒的传统，引导我从全新的视角来看待葡萄酒配亚洲餐这个问题。一款酒专配一款菜是不可能的。一顿典型的家常晚餐通常包含6–10种不同的菜肴，其中可能有辛辣的韩式泡菜，或者腌菜、风味浓郁的肉，鱼或海鲜拼盘，汤以及一些咸辣开胃菜。每一道菜都融合了不同的口味，

这就需要葡萄酒具备我在本章中着重强调的特征：*百搭性*。

虽然亚洲餐和葡萄酒之间的搭配还做不到天衣无缝，但和谐共处还是可以实现的。我所发现的亚洲葡萄酒的品性和美食爱好者的喜好，激发我从四个方面，即百搭性、鲜味、口感浓郁度和品质来思考亚洲美食与葡萄酒的搭配。

百搭性　取决于每款葡萄酒与各类辛香料、调味料匹配的程度。

鲜味　是大部分亚洲菜肴必备的特征。葡萄酒本身的特征显示出了它与亚洲美食搭配的能力。

口感浓郁度　指风味的开放程度。日本料理的细腻风味，与精致而非强劲的酒搭配在一起，简直是天作之合。

品质　是最关键的标准。仅这项特征就能对大部分葡萄酒的挑选起到引导作用。高品质的食物、考究的烹饪方法、新鲜的食材通常得搭配高品质的葡萄酒。

我们一般不会选择传统酒精饮料来为亚洲菜式中风格迥异的菜系佐餐。"完美的搭配"意指没有冲突的灵活与和谐。葡萄酒可在进食的间隙清新口腔，或减弱舌头的麻辣和灼热感，从而更好地享受美食。这与欧洲的佐餐习惯不同，欧洲的食物和酒通常会来自同一个地区，两者常常相得益彰，共同提升用餐的乐趣。亚洲美食与葡萄酒的搭配旨在找到与食物协调的酒，而非盲目地将两者拼合在一起。如果食物没有破坏酒的风味，酒也没有削减菜肴口味的完整，就是可行的搭配。如果酒能够提升我们对大部分食物的品享，即便不是每款菜肴都能搭配，就已是不错的选择。所以，对亚洲美食与葡萄酒之间"完美搭配"的理解，需要重新定位。

小贴士

- 如果桌上的调味料是醋，就应该选择具有紧实酸度的葡萄酒。酸味的食物与高酸度的葡萄酒，搭配在一起堪称完美。
- 如果调味料中有辣椒，可选择带有新鲜酸度、口感清新的葡萄酒。
- 风味浓郁的食物需要搭配能起到口味补充作用，或与之形成风味对比的酒：果味浓郁、风味馥郁，或带有甜度和清爽酸度的酒。
- 略带苦味的食物，适合与陈年的白葡萄酒（经橡木桶多年浸润）或高单宁的红酒搭配。
- 精致的饮食，通常带有浓烈的鲜味，与带有泥土芳香、质地细密的成熟葡萄酒搭配较理想。
- 质地细腻的食物，需要精致和轻度酒体的葡萄酒与之相配。
- 避免用高单宁和高酒精的葡萄酒来搭配辣味浓郁的菜肴，因为辣味会加强单宁和酒精的作用，同时使食物品尝起来更加辛辣。

梗　概

之后的独立篇章会有更多葡萄酒与当地美食搭配的细节。将葡萄酒引入亚洲餐桌，需要考虑食物的风味浓郁度、菜肴的质感，以及葡萄酒是否会改变这些风味。亚洲食物和葡萄酒的搭配，与大部分风味都集中在某一道菜上的西餐和葡萄酒的搭配是截然不同的。亚洲美食通常采用共享的用餐方式，菜肴的风味各异，并且会采用各种辛香料、酱料和调味料；这就意味着不可能某一款酒与所有的菜肴都能搭配。于是理想的搭配原则被重新定义：以葡萄酒不改变菜肴口感的完整性，并能与大多数菜肴搭配为准。以下是将葡萄酒带上亚洲餐桌时的五大考量因素：

1 品质。优质的葡萄酒会提升高品质食物的风味。

2 气氛和环境布置。户外较休闲的环境下，日常的葡萄酒最为适宜；考究的用餐场所则需要选择与心情相符的葡萄酒。

3 产地。清爽而酸度脆爽的葡萄酒能与很多亚洲菜肴搭配。记得挑选来自凉爽产区的酒。

4 成熟度。成熟的红酒能够提升和补充亚洲菜肴中的浓郁鲜味（肉类菜肴）。

5 食物与葡萄酒的温度。热汤、热菜以及辛辣的食物所需要搭配的酒，适宜稍稍冰镇至低于其最佳饮用温度后享用。葡萄酒的侍酒温度越低，沁爽的口感越明显。

关于鲜味

鲜味这个来自日本的术语是被广泛认知的第五种口味，之前的四种依次为咸、酸、苦和甜。100多年前，东京帝国大学的池田菊苗教授发现了谷氨酸盐，之后的研究证实这是一种能被舌头探知的氨基酸。鲜味十分细微，自身并没有什么可辨识的风味，但它能不断延伸、提升和柔化其他口味。鲜味自然存在于紫菜、蘑菇、酱油和陈年的奶酪等食物中。味精是用来添加食物鲜味的人造调味料，在亚洲有着极大的市场，它还被称作味之素、味元或谷氨酸钠等。虽然味精在20世纪上半叶曾广受赞誉，但随着1960、1970年代的报告中指出味精会导致健康问题，其受欢迎程度开始慢慢衰减。

葡萄酒世界

　　葡萄酒世界门类繁多，风格庞杂，我发现将其分成实用的类别很有帮助。虽然这些类别也会有重叠的部分，却能将葡萄酒学习分门别类，从而方便记忆。以下是红葡萄酒和白葡萄酒的各10组分类，每组中的酒款并不全面，只是一些较具代表性的例子。

白葡萄酒

轻盈活泼的白葡萄酒

　　酒精含量适中的轻度酒体酒，伴有沁爽活泼的柑橘或矿物风味，夹杂着草本气息或花香。酸度通常脆爽清新，主要来自欧洲较凉爽的产区，如意大利北部、法国和欧洲中部。口感轻盈、易上口。

- 索阿维 Soave（意大利）
- 奥维多 Orvieto（意大利）
- 夏布利 Chablis（法国）
- 灰比诺 Pinot Grigio（意大利）
- 密斯卡岱 Muscadet（法国）
- 白比诺 Pinot Blanc（法国）
- 绿酒 Vinho Verde（葡萄牙）
- 意大利北部白葡萄酒（意大利）
- Kabinett级雷司令（德国）

宜人的、青草气息突出的白葡萄酒

　　最适宜温暖天气的清爽葡萄酒，带有清爽的酸度和浓郁的水果风味。长相思是这类酒的主要品种。新西兰长相思的风格最为强劲。

- 武夫赖 Vouvray（法国）
- 桑塞尔 Sancerre（法国）
- 普依芙美 Pouilly-Fumé（法国）
- 卢瓦河白葡萄酒 （法国）
- 长相思（新世界未经过橡木桶陈酿的）
- 猎人谷赛美蓉（澳大利亚）
- 白诗南 Chenin Blanc（南非未经橡木桶陈酿的）

芳香馥郁的白葡萄酒

　　从饱满、带油脂气息的风格，到精致、果香馥郁的风格，样样皆有。酒体饱满、芳香型的白葡萄酒，包括隆河谷维欧尼和辛辣、带荔枝气息的阿尔萨斯琼瑶浆。较为轻盈的酒款有芳香馥郁、高灵活性的雷司令，德国雷司令酒体轻盈、脆爽，香气精致；在阿尔萨斯和澳大利亚等较温暖产区的雷司令，可被制成中等至饱满酒体的酒，带有浓郁的白色花朵和酸橙的气息。

- 麝香葡萄（法国）
- 阿芭瑞诺 Albariño（西班牙）
- 灰比诺（法国）
- 托伦特 Torrontes（阿根廷）
- 琼瑶浆（法国，欧洲中部）
- 雷司令（法国、德国、奥地利和新世界）
- 维欧尼（法国或新世界）

中等酒体、适合配餐的白葡萄酒

　　涵盖了世界各地的白葡萄酒品种，其主要特征是中等酒体，中等至高酒精含量，适合配餐，包括轻微或不经橡木桶熟化的霞多丽，带有适度橡木气息的长相思。

- 青葡萄 Verdejo（西班牙）
- 绿维特利纳 Grüner Veltliner（奥地利）
- 特级葡萄园级夏布利（法国）
- 长相思赛美蓉混调（波尔多，澳大利亚）
- 未经橡木桶陈酿的霞多丽（所有地区）
- 村庄级勃艮第白葡萄酒（法国）

酒体饱满、严谨的白葡萄酒

　　浓郁、成熟、带有橡木气息的霞多丽是这类酒的代表，此外还包括隆河谷白葡萄酒，澳洲橡木桶陈酿、口感浓郁丰饶的赛美蓉，带烘烤的新橡木气息的顶级波尔多白葡萄酒，里奥哈白葡萄酒和新世界霞多丽——此类酒都带有圆润和浓郁的中段口感，酒体饱满。顶级勃艮第酒虽然欠缺点果味，但它层次复杂，韵味深邃。

- 白芙美 Fumé Blanc（美国）
- 默尔索 Meursault（法国）
- 普依富塞 Pouilly-Fuissé（法国）
- 里奥哈白/维尤拉（西班牙）
- 布里尼白葡萄酒 Puligny-Montrachet（法国）
- 带橡木气息的赛美蓉 （澳大利亚南部）
- 玛珊/胡珊 Marsanne/Roussane（法国）
- 波尔多列级名庄白葡萄酒（法国）
- 带橡木气息的霞多丽（所有地区）

红葡萄酒

轻盈、有活力的红葡萄酒

年轻而生动的红酒，适合休闲场合饮用。博若莱和瓦尔波利塞拉均属于这一类型。来自新世界的黑比诺或金芬黛能够酿制出色泽清淡、带新鲜红色浆果风味的红酒。

- 多赛托 Dolcetto（意大利）
- 瓦尔波利塞拉 Valpolicella（意大利）
- 博若莱 Beaujolais（法国）
- 多芬黛 Dornfelder（德国）
- 勃艮第AOC级酒（法国）
- 歌海娜（地中海，新世界）
- 基本款金芬黛（美国）

中等酒体、果味型的红葡萄酒

包含梅鹿辄、西拉、金芬黛和黑比诺在内的众多红葡萄酒品种。智利梅鹿辄，南隆河谷酒和里奥哈crianza级酒是该类酒最精确的诠释。其特点在于甜美生动的水果风味，而非单宁结构的口感特征。一些果味型黑比诺和现代风格的托斯卡纳酒也属于这类。

- 基本款奇昂第 Chianti（意大利）
- 梅鹿辄（新世界）
- 黑比诺（新世界）
- 里奥哈 crianza和reserva级酒（西班牙）
- 勃艮第年轻的村庄级酒（法国）

辛辣而口感温热的红葡萄酒

西拉等品种具有成熟的水果味儿和辛辣气息，它们大多来自温暖的产区。酒力通常很强劲，单宁紧实，酒体饱满，浓郁的中段口感是该类酒的特征。

- 佳美娜 Carmenère（智利）
- 赫米塔希 Hermitage（法国）
- 罗蒂丘Côte-Rôtie（法国）
- 马尔白克（阿根廷）
- 顶级金芬黛（美国）
- 超级托斯卡纳（意大利）
- 比诺塔基 Pinotage（南非）
- 隆河山丘 Côtes du Rhône（法国）
- 教皇新堡 Châteauneuf-du-Pape（法国）
- 西拉（法国隆河谷，澳大利亚）

带有泥土芳香、口感绝佳的红葡萄酒

更注重口感而非甜味或水果特征的旧世界葡萄酒，以意大利红酒占据主导，特别是来自北部和中部地区的酒。大家可以想象一下没有厚重的新橡木气息或异常成熟的果味儿的传统型葡萄酒。

- 经典奇昂第 Chianti classico（意大利）
- 巴罗洛、芭芭罗斯科、内比奥罗（意大利）
- Vino Nobile di Montepulciano（意大利）
- Brunello di Montalcino（意大利）

严谨而适合窖藏的红葡萄酒

这类酒通常来自世界各地，适合窖藏，地位尊贵且价格昂贵，其中以波尔多酒占据其主导地位。窖藏数十年之久的顶级酒款也可归入此类。它们共同的特点是有结构的自然性和平衡度——单宁和酸度紧实，带有浓烈而深邃的果味，能在窖藏数十年的过程中不断进化。

- 顶级巴罗洛（意大利）
- 顶级托斯卡纳酒（意大利）
- 顶级波尔多酒（法国）
- 顶级新世界西拉酒
- 顶级北隆河谷酒（法国）
- 顶级多罗河岸酒（西班牙）
- 顶级新世界赤霞珠
- 勃艮第特级和一级葡萄园级酒（法国）

百搭型葡萄酒

　　以下列出的葡萄酒风格可作为葡萄酒与亚洲美食灵活搭配的大致导向。一款百搭葡萄酒是能与一系列特色菜肴和风味相配的"安全牌"。针对某种美食与葡萄酒搭配的详细个案，请参看城市部分。

	高灵活性	中等灵活	低灵活性
地区	凉爽产区酿制的风格内敛的葡萄酒通常具有高灵活性，例如勃艮第、卢瓦河、阿尔萨斯、俄勒冈、塔斯马尼亚、马尔堡和特伦蒂诺	旧世界或新世界轻度至中等酒体的果味型酒，例如澳大利亚凉爽地区、加州沿海地区、新西兰隆河谷、法国西南部、维纳图、意大利东北部	来自温暖产区，饱满酒体，风味浓郁，高酒精和低酸度酒，例如澳洲温暖地区西拉、加州温暖地区赤霞珠和意大利南部出产的红酒
白葡萄品种	干型雷司令，未经橡木桶陈酿的霞多丽，灰比诺，棠比内洛 (Trebbiano)，未经橡木桶陈酿的白诗南，绿维特利纳 (Grüner Veltliner)，白比诺	长相思，阿芭瑞诺 (Albarino)，维欧尼，玛珊 - 胡珊 (Marsanna-Roussane)，长相思赛美蓉混调	麝香葡萄，琼瑶浆橡木气息过重的酒
红葡萄品种	凉爽产区的黑比诺，南隆河谷歌海娜为主的红酒，佳美，轻度酒体的意大利北部红酒	波尔多赤霞珠梅鹿辄混调北隆河谷西拉，桑娇维塞，内比奥罗，科维纳，西拉，混调，品丽珠	温暖产区的赤霞珠梅鹿辄混调和小维尔多马尔白克，比诺塔基，金芬黛 / 普里米蒂沃 (Primitivo)
风格	起泡酒，特别是香槟、菲诺雪利，轻度至中等酒体清爽红酒，轻度酒体、未经橡木桶陈酿的沁爽白葡萄酒，桃红酒	酸度紧实的中等酒体白葡萄酒，香气突出、果味收敛的中等酒体红酒，轻微橡木桶陈酿的葡萄酒，凉爽或气候适中的新世界酒	甜酒和加强酒（除了菲诺雪利），芳香馥郁的酒，高酒精、厚重浓郁的酒，橡木气息过重或过度成熟的酒灵活性最低，炎热产区的酒
酒龄*	成熟的红酒往往是与精致亚洲菜肴最百搭的酒。它们的单宁柔和，与鲜味菜肴搭配尤为理想；如 1997 或更老年份的波尔多红酒，1998 或更老年份的勃艮第红酒，2000 或更老年份的纳帕谷、赤霞珠	经过一定瓶中陈年的酒，3-8 年，风味更为圆润	年轻、重单宁、风味强劲的酒

*仅适用于有窖藏潜力的顶级红酒，因为大部分白葡萄酒和多数红酒都适合在年轻的时候享用

亚洲味觉

有人可以质疑，"亚洲味觉"如同"美国味觉"或"欧洲味觉"一样，是个难以定义的宽泛概念。然而，本书中的许多建议或观察都是建立在一种多视角的亚洲味觉原则上，或依傍着我们的传统文化的。在本书中，我选择关注共性而非差异巨大的个性——毫无疑问，后者的存在极其普遍，即使是日本这样一元化的国家也不例外。

大部分亚洲人喜欢饮茶，且对单宁和苦味的承受能力各不相同。爱好红茶和较苦的绿茶的人也许会选择一款年轻的波尔多红酒，因为它单宁适中。与此类似，韩国人和中国北方人因为日常饮食中包含许多带苦味的蔬菜，对苦味和高单宁葡萄酒的容忍力较强。此外，越来越多的葡萄酒爱好者更倾向于葡萄酒的天然香气，而非其果味儿。在东南亚，由于带甜味、苦味不明显的蔬菜十分常见，当地人对单宁的承受能力较低，同样的年轻波尔多红酒，在他们眼里就显得单宁味儿异常突出。同样，嗜辣的亚洲人能够容忍单宁气息的红酒，因为后者会加重食物的辣味。单宁其实提升了他们享用菜肴的乐趣！

上图: *色彩斑斓的亚洲香料*

葡萄酒配餐方面，本书试图将敏感的文化问题也考虑在内。就任何推荐而言，这些都是探索的起点，也源于我个人的经验、喜好和观察。其他一些重要的有关亚洲美食的考量因素包括点单、侍酒、食物的温度和葡萄酒的年龄。一场典型的中式筵席，侍酒师会绞尽脑汁地构思配餐的葡萄酒，因为烤乳猪等油腻的食物通常会在一开始就上桌，而精致的蔬菜一般要留到最后。此外，葡萄酒的灵活性也很重要，因为菜肴是按照顺序，而不是同时被端上餐桌的。

葡萄酒的温度能够极大地改变餐酒搭配的和谐。葡萄酒的饮用温度越低，品尝起来就越感沁爽，其与众多油腻、油炸和煎炸类亚洲菜肴和谐搭配的可能性也越高。清爽的口感还能平衡许多辛香料、调味料的风味，例如经轻微冰镇的1—3摄氏度的红酒能与风格强劲的辛辣味菜肴相配。

葡萄酒的年龄也会带来口感的差别。在瓶中慢慢熟化的酒会柔化单宁和酸度。在熟化过程中，单宁和酸能够更完美地融入酒中，从而提升酒的灵活性和质地。比起风格大胆或强劲的酒款，层次复杂、质地细密的葡萄酒可作为鲜味突出的亚洲菜的理想佐餐。

最后一个重要的因素，相信没有一本指导书会提及，那就是葡萄酒要适合特定的场合、季节和心情。无论葡萄酒出色还是平庸，正确的摆放会改变人们对葡萄酒的欣赏。每位葡萄酒爱好者都经历过葡萄酒所带来的非凡体验：一瓶不知名的奇昂第在印度小店品尝起来格外使人沉醉，一瓶普罗旺斯桃红酒宛如甘露，好似玫瑰花瓣上铺满了新鲜的红樱桃——是的，环境与心情，气氛和同伴，对我们欣赏葡萄酒都会起着关键的作用。

我相信在亚洲，葡萄酒有着自己的定位和局限。辛辣的四川菜系、印度南部菜系和韩国菜系会在用餐中麻痹你的味蕾。如果想体验舌头发麻、汗如雨下的用餐，最好在餐前或餐后再享用葡萄酒。当然你也可以选择不喝酒。当你正大口享用一碗槟城鱼面，或在东京的后街享用拉面，以及在香港的某间大排档吃馄饨的时候，绝对不会想到点一瓶葡萄酒来干扰你的大快朵颐。葡萄酒配餐的目的在于提升用餐的乐趣，在这样的情况下，餐酒最好还是分开享用。

Jeannie 的五大精选酒款

为各类美食所推荐的五大酒款只是一个导向，在众多葡萄酒中总能挑选出与特定美食搭配的酒款。五大精选酒款是选择性而非限定性的酒单，它将各类酒在亚洲主要市场的可获得性以及食材品种、鲜味和环境因素都纳入了考虑范围。一般说来，五大精选酒单中的酒能与众多菜肴搭配，而不致引起很大的冲突。

葡萄酒的主要成分与美食搭配

甜

甜酒范例

- 雷司令
- 苏特恩酒
- 晚收型琼瑶浆
- 冰酒

对食物的影响 能轻易盖住鲜味突出的浓郁食物。

选择 葡萄酒中的甜味能与风味浓郁而油腻的菜肴搭配；中等甜度的葡萄酒能与咸或辛辣的食物搭配。

原因 甜酒中的残糖和高酸能与五花肉等油腻食物搭配，中等甜度的酒能衬出菜肴的火辣或盐咸。不过，许多亚洲人认为甜味会转化菜肴的咸辣味。

酸

高酸度酒范例

- 香槟
- 新西兰长相思
- 奥地利绿维特利纳（Grüner Veltliner）和白葡萄酒
- 意大利北部红酒
- 勃艮第红酒和白葡萄酒

对食物的影响 带来高灵活性，能平衡风味浓郁、奶油质地，或油腻、盐咸的食物，增加额外的清爽口感。酸味葡萄酒不仅能够解辣，还能中和酸味或辛辣味。

选择 适合各类亚洲菜肴，特别是油炸或煎炸类食物。与加了醋或其他酸味调料的菜肴搭配，效果也十分理想。

原因 百搭。因为酸度能够去除油腻，削减辛辣。食物中的微甜口味能增加清爽的口感。

单宁和橡木

高单宁或橡木气息厚重的酒范例

- 西班牙里奥哈酒
- 加州霞多丽
- 年轻的波尔多红酒
- 意大利巴罗洛酒

对食物的影响 能增加肉类、油腻类及烧烤或焖炖类菜肴的风味。精致、轻盈的菜肴会被葡萄酒的高单宁所冲淡，海鲜，特别是腌咸鱼，会钝化红酒的口感，令其品尝起来带金属的味道。

选择 炭烤、烧烤的肉类或滋味浓郁的高蛋白类菜肴，应避免辛辣的调味料，因为后者会加重单宁和橡木味儿。

原因 葡萄酒中的单宁与蛋白质、脂肪的搭配颇为理想，同时它也会加重辛辣的口感。

酒精度和酒体

高酒精且酒体饱满的酒范例

- 澳大利亚西拉
- 意大利阿马罗内
- 教皇新堡

对食物的影响 盖住精致菜肴的风味并加重辛辣菜肴的火辣口感。大多数酒体饱满的葡萄酒在配餐上的灵活性不高。

选择 能与葡萄酒质地匹敌的风味浓郁、厚重的菜肴，避免特别辛辣或咸味突出的菜肴。

原因 众多亚洲辛香料及亚洲菜肴的重咸口味会加重酒精的炙热口感。

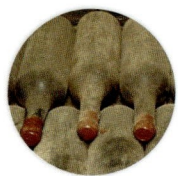

成熟度

成熟葡萄酒范例

- 1997或更老年份的波尔多红酒
- 1998或更老年份的勃艮第红酒
- 2000或更老年份的纳帕谷赤霞珠

对食物的影响 很适宜搭配食材重鲜的亚洲菜肴。

选择 精致、细腻的菜肴，同时避免特别辛辣或艰涩的食物，因为后者会盖住成熟葡萄酒中所蕴含的细腻。

原因 成熟的高品质酒经过瓶中陈年后会更加细腻，与结构细密的食物搭配则效果十分理想。

食物的五大基本风味和葡萄酒

对葡萄酒的影响 令干型酒更干，酒体变得单薄，单宁味和酸味更突出。
选择 带更多甜味的酒。
原因 如果酒不具备同等或更高程度的甜味，食物中的甜味会盖住甚至破坏葡萄酒的风味。

甜味

- 新鲜的水果或干果
- 棕榈糖
- 甜椰浆

对葡萄酒的影响 会盖住葡萄酒的风味。
选择 风味浓郁、脆爽的白葡萄酒或带高酸度、中等及轻度酒体的红酒，与略带酸性的菜肴相匹配。
原因 如果葡萄酒中缺少适度的酸度，品尝起来会显得风味单薄。酸味的菜肴通常会盖住饱满酒体的红酒并破坏酸度不足的白葡萄酒的风味。

酸味

- 新鲜的水果或干果
- 酸橙汁
- 青芒果

对葡萄酒的影响 加重单宁。
选择 单宁柔和，酸度脆爽，果味活泼的白或红酒。
原因 足够的果味能够与咸味抗衡，因此与单宁适中而不厚重的红酒搭配能够避免苦味。高单宁会加重菜肴的咸味，白或红酒中的紧实酸度能冲淡咸味。

咸味

- 酱油
- 蚝油
- 虾酱
- 豆瓣酱

对葡萄酒的影响 加重红酒中的单宁并提升白葡萄酒的香气。
选择 经过橡木桶熟化的酒体饱满的白或红酒。
原因 带苦味的食物与稍带苦味、单宁紧实的红酒，或经过橡木桶陈酿的白葡萄酒搭配则相得益彰。

苦味

- 烤银杏
- 苦瓜
- 人参

对葡萄酒的影响 带出葡萄酒中的泥土芳香、清苦味或香味儿。
选择 单宁细密、果味收敛、芳香馥郁的白或红酒，成熟葡萄酒。
原因 食物的鲜味精致，因此葡萄酒需要具有同样的精致度，并质地柔滑，单宁细密。

鲜味

- 豆豉
- 肉干和腊肉
- 蘑菇
- 炖汤
- 紫菜

人莫不饮食也，鲜能知味也。

——孔子

HONG KONG

香　港

第二章

第二章 香 港

快 照

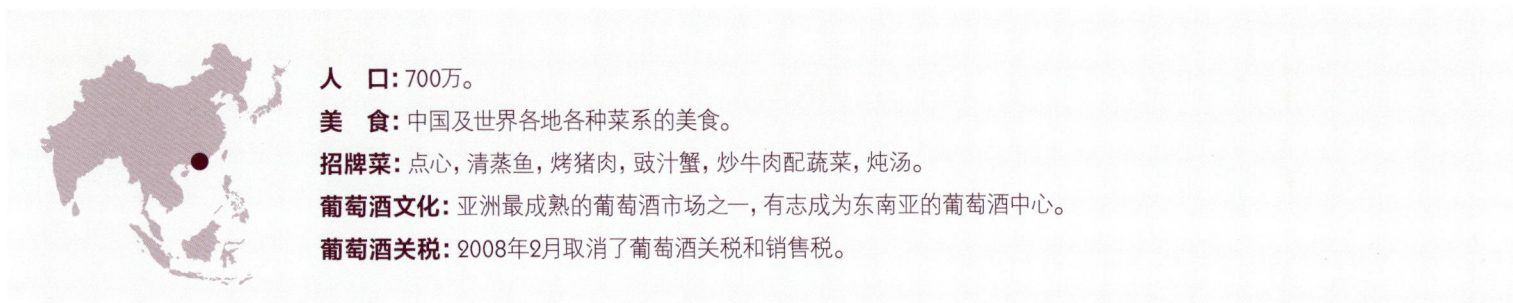

人　口： 700万。

美　食： 中国及世界各地各种菜系的美食。

招牌菜： 点心，清蒸鱼，烤猪肉，豉汁蟹，炒牛肉配蔬菜，炖汤。

葡萄酒文化： 亚洲最成熟的葡萄酒市场之一，有志成为东南亚的葡萄酒中心。

葡萄酒关税： 2008年2月取消了葡萄酒关税和销售税。

文化背景

当年许多人初到香港时，认为这里只是一个临时居住和工作的地方；几十年过去了，回头却发现自己还在这里生活着呢。人口密集、绿化稀疏和环境污染等问题逐年加剧，所以，在这里生活并不那么容易。但香港凭借工作高效、交通便捷、政治透明和地理位置优越等特点，逐步成为亚洲地区的中心枢纽，这在一定程度上弥补了它自身的不足。

早在19世纪，香港已经是中国与西方国家之间一条充满活力的纽带，并长期保持着这种地位。1842年"南京条约"签订后，中国向西方国家开放了五个外贸港口，香港是其中的一个。作为英国王室属下的殖民地，它迅速地发展起来。此前总部设在广州或广东其他地方的商贸公司，纷纷迁至香港经营。

在被英国占领前，香港这个人口稀疏的小岛上主要居住着

耕种小块土地的农民、捕鱼为生的渔民和劫掠为计的海盗。香港之所以发展如此迅速，还归因于它背靠中国大陆这一具有战略意义的地理位置，以及它的优良海港，拥有可以应对恶劣气候条件的天然庇护所。初露生机的香港，吸引着无数中国和欧洲的商人、企业家来此大展宏图，从而铸造出独特的文化"大熔炉"。

到了19世纪后半叶，继第一个电力公司成立后，这里又成立了引进公共交通项目的公司，紧接着，香港上海汇丰银行有限公司也成立了，它是专门为促进中国和欧洲贸易而设立的。香港作为东西方之间的主要贸易港口蓬勃发展起来，满足市场上对茶叶、丝织品等一系列奢侈品的需求。自1860年到1898年，英国人统治下的属地扩张到九龙和附近的几百个小岛。

16页图注：壮观的香港天际线及维多利亚港

上图：中国式帆船

二次世界大战遏制了香港的经济增长势头。日本占领香港时，港口贸易停顿了多年。直至1945年二战结束、日本投降，香港重归英国人统治，港口贸易才逐步恢复。1940年代，成千上万来自大陆的难民涌入香港这个小岛，为的是躲避大陆上的政治动荡，过上安定、富裕的生活。此后，持续不断的移民潮为当地的生产制造业和贸易提供了大量的廉价劳力，在恢复、建立和发展新的港口贸易经济中起了不小作用。与此同时，有些外国企业因对共产党政府尚存疑虑，也把企业从上海迁至香港。

到了1960年代，大型纺织工业和玩具制造业主导了香港的经济格局。1970年代及1980年代早期，香港的经济开始减少对生产制造业的依赖，而更多依靠发展增值服务领域，如金融业等。1980年代，生产制造业占了香港经济的20%，但现在已降至3%以下。由于1970年代末中国大陆实行对外开放政策，生产制造业便移至香港以北的大陆地区，因为那里的小时工资更低廉，可以降低生产成本。

此时，香港顺势而为，重新成为并巩固了其作为东南亚商业、贸易和旅游业中心枢纽的地位。1980至1990年代，不断涌入的外国人、不断增加的五星级酒店以及高档饭店，将香港的特色美食和优雅的用餐环境推升到了一个全新的境界。1997年，英国向中国移交香港主权后，丝毫没有影响到香港如日中天的饮食文化。

香港已演变成一个国际性大都市，提供的美食在种类、价位上都相当宽泛。现在的香港有着700万人口，却有着10000家注册的饭店。这里是美食饕餮者的天堂，自然也是许多优秀厨师施展才艺的竞技场，他们总有办法满足世界上口味最挑剔的食客。香港开放、活跃的氛围，形成了一种海纳百川、博取众长的局面。生活在这里的人们感同身受，也就此扎根发展，使得香港的餐饮文化呈现出日新月异的多元化迷人景象。

美食和餐饮文化

粤菜是香港名副其实的当家菜,被公认为最精致的中餐。在整个亚洲地区,最优秀的粤菜主厨常常有着不少的粉丝。他们主导着美食潮流,提倡新鲜度决定菜肴品质优劣的理念,用灵巧的双手在厨房里麻利地实践着这一理念。

从历史上看,无论广东省还是香港,饮食主要还是为了满足人们果腹之需。丰盛的菜肴足以维持人们长时间的体力劳动。香港的烹饪,主要受到来自中国南部的三个不同地区的影响,它们按方言差异划分为客家、潮州和东莞。这三大菜系的风格和味道各不相同:客家菜式中豆腐很多,还有咸的腌肉和腌菜;潮州菜式使用较多的香料和酱油来慢煮食物;东莞菜式类似当今的粤菜,炒菜居多,避免过多的香料,强调海鲜和蔬菜的新鲜度。

香港的美食受东莞菜式影响较大,比如美味的短腊肠,现在成为当地的主要特产。潮州的燕窝汤和酱鹅,也是当地最火的美味。还有客家的盐焗鸡,以及用不同方法烹饪的动物内脏,都是粤菜中的主打品种。

20世纪上半叶,一些社会精英们形成了以家为中心的饮食文化。富有的家庭大多招用优秀的厨师和服务员来家中招待宾客。至于较大型的宴会,或是正式的宴请,他们聘请的著名饭店几乎会带来整个厨房班子,包括众多一流的厨师和服务人员,在任何地方都可以提供从12至100多人的餐饮服务。

1970年代,香港还只有少数几家正式的中餐馆和设在大酒店里的高级餐厅,如中环的前希尔顿大酒店。即使是备受推崇的福临门、镛记,当年也只是很小的非正式餐厅——当然,那时也不可能有今日的精英群体。镛记的老板兼董事甘健成(Kinsen Kam)说,他们的餐饮业始于60年前的大排档。

正当中产阶级遍地开花、香港成为亚洲经济四小龙之一(其他"三龙"为台湾、新加坡、韩国)时,餐饮文化也呈现出无限生机。1970年代末,与家人和朋友一起外出用餐,成为了一种社交与娱乐形式。人们既可以找到提供宴会用正规菜的餐馆,也能发现应运而生、数不胜数的休闲餐厅。

与上述餐馆、餐厅相对应的,是面店和粥店,以及茶餐厅和大排档。茶餐厅是快餐式的咖啡店,供应法国吐司等西式食

物，以及中国式小吃。大排档是露天小吃摊，供应各种价廉物美的炒海鲜和肉类小菜。这些不起眼的小吃摊，使用塑料折叠桌椅，地上很脏；然而后来它们中有许多演变成干净整洁、带空调的咖啡店，竟可与麦当劳媲美了。其他像铺记餐厅，已经发展成享有盛名的食府，专供社会精英们经常光顾专享粤菜之美。

在美食界，中层及中上层的各式餐厅，迎合了大量移民以及外国侨民的口味。中档餐厅因定位于大众消费，而颠覆了过去人们居家用餐的习惯。其时，最好的厨师已经走出家庭式私人坊间而步入广受欢迎的餐厅，这迎合了日益富裕的中产阶级的需要。

香港呈现出一个独有的现象，简单一点说就是，日益增加的私人厨房给餐饮文化注入了无限生机。办公大楼和私人住宅里有一些无证食肆，经常提供富有情趣的创新菜。私人厨房成功的背后，是充满激情、乐于分享创意，又勤于劳作

的私家厨师们。他们提供了广泛的美食菜谱，从创新菜、传统法国菜到地道的上海本帮菜、粤菜及川菜，无所不能。许多这类餐厅、食肆都允许自带酒水及其他饮料，也不收开瓶费，这样，食品价格的竞争就比较公道。后来有的关闭了，有的发展成持有正式牌照的食肆，其中经营最好、人气最旺的留了下来，成为当地美食饕餮客经常光顾的地方。

如今，大排档、茶餐厅、面店和粥店、私人厨房，以及大大小小的传统粤菜馆并肩而存，形成了众多享誉全球的餐馆、私人用餐俱乐部，也形成了众多适合亚洲口味的国际品牌菜肴。香港有10000家以上的餐厅，竞争是激烈的。这是香港人对美食，尤其对食物的新鲜度、异国情调及昂贵配料的由衷热爱所致。

香港多元化和方兴未艾之餐饮风貌，简直令人难以置信，因而奠定了其亚洲国际化高品质美食之都的声誉。

题外话：

食材的组织纹理几乎对每种亚洲菜式都很重要，尤其对粤菜和日本美食更是具有特殊的重要意义。与日本相似，香港厨师及美食爱好者在对食材进行品质判别时，均首看其纹理。最好的鲍鱼必须有天鹅绒般的表面，同样，最好的鱼翅应该丝般柔滑。燕窝（既可以咸汤享用，亦可做甜品）应当是滑爽的柔软质地。许多异国情调的食材，如凝胶状的海参是相当有价值的。

料　理

粤菜即广东菜,是香港的本地菜。"粤"源出广东,是与香港毗邻的广东省的谓称。粤菜一般不辣,却极其强调农产品要新鲜、海产品要鲜活、肉类要多种多样。粤菜中有着非比寻常的食材:鸡和鸭的脚,还有蛇。尽管官方禁止民间买卖,但还是有人食用那些珍稀的濒危物种以饫口舌。

粤菜的烹饪,在于把握烹饪的火候,新鲜的食材略微加工,可保全其自然、鲜嫩、美味的口感;所以粤菜通常多用旺火翻炒。这种极高的温度只有在商用厨房的大煤气管道条件下才能做到。普通话中的"锅子"是通常使用的炊具,当它的涂层与酱油在高温下混合反应,产生的味道刚好与食物的自然鲜嫩口味融合时,就创造出了无与伦比的美味。蒸和烤也一样奇妙,可以自然带出食材的原汁原味,并提升滋味。

毗邻大海这一得天独厚的地理位置,使香港有着无比丰富的海鲜品,也催生出多种海鲜美味的烹调方法。粤菜一般都不太油腻、过甜或过咸。每道菜只略加烹饪,使用少量的酱油等调味品,完美地保留了新鲜自然的口味。

海鲜在粤菜中使用最多,也是都市烧烤类菜式中的热门。香港是亚洲人均消费肉类最高的城市之一,香港人特别嗜好烧烤猪肉、鹅,还有鸭。腌料、焙烧工艺、肉的来源,对于那些久负盛名的烤肉餐厅来说,都是值得壁垒森严地保护的秘密。

经典的粤菜包括酱油蒸鲜鱼,豉汁、鲍鱼汁、葱和姜炒蚬。鸡肉是主食,可以不分季节,甚至每餐都有炖鸡汤,而且常常会加入些中草药以增加汤的营养价值和保健功效。

点心是粤菜中独有的。这些一口大小的小点心简直就是"从心而来"。人们常常喜欢在早上或午后,将之与新鲜冲泡的茶水一起慢慢享用。最经典的是烧烤叉烧包、虾饺、肠粉、糯米荷叶包、萝卜丝饼以及芋头香酥球。当把点心作菜肴时,用餐便被叫作饮茶——"喝茶"的意思了。尽管粤菜可能是最受欢迎的,但像上海本帮菜、潮州菜、川菜和京菜等主要地方菜系,在香港几乎都有招牌店。

在香港,印度、日本和韩国的侨民社区很大,你能找到许多地道的亚洲美食。日式餐厅近年来剧增,从原先的只有回禄寿司店,到如今的东京各著名餐厅都在此开设有分号。韩国的料理店也不赖,料理用的新鲜食材,每日由尖沙咀金巴利街一带的韩国食品店提供。印度美食馆呢,从休闲式到中、高档的餐厅几乎遍布全市……各种欧式餐馆中,法国和意大利餐馆当仁不让是主角,继续保持其最受欢迎的地位。几乎每个五星级酒店都设有一个法国或意大利的高级餐厅。

上图:锅子　右图:红烧鲍鱼

饮料和葡萄酒文化

历史上，用谷物和各种水果酿造的酒精饮料，长期以来一直是香港中式餐桌上的必备。黄酒是非常著名的传统酒精饮料，它由糯米、小麦、玉米或小米酿制而成。绍兴酒是最脍炙人口的黄酒。较便宜的黄酒通常在烹调时或药用中使用，而上品绍兴黄酒则已有50多年口碑，价格与优质葡萄酒不相上下。在被白兰地和威士忌取代之前，"白色的酒"即"白酒"是中国宴会及正式晚宴上最受欢迎的烈酒。白酒是高粱发酵后再蒸馏得到的液体，清澈透明，酒精含量在50%左右。茅台酒是白酒中最热门的。

1960年代和1970年代，社会精英们从首选传统烈酒开始转向白兰地。人头马和轩尼诗被广泛认可，VSOP和XO成为声名卓著的干邑酒的标志。当时，威士忌也赢得了相当的人气，但最终还是未能企及干邑酒的地位。而当时的中国老百姓呢，即便是宴会和某些特殊场合，通常还是使用价格实惠的中国白酒和黄酒。

除此之外，温水和热茶是最常见的两样佐餐饮料。现在很常见的冷饮料，比如冰水等，在过去被人们认为会影响正常消化。而茶呢，却能帮助消化，尤其对油腻食物的消化作用不容置疑。啤酒仍然是一个热门的选择，但它的地位和功能正在走下坡路，特别是在较为高档的餐厅，尤其如此。

1970年代，葡萄酒爱好者仅仅是由英国侨民和中国留学人员汇聚成的一个很小的群体，他们蜂拥在人头马酒店（当时还在太古大厦）里，欣赏着酒架上陈列的一排排红葡萄酒（主要是波尔多红葡萄酒，还有零星的几瓶勃艮第红葡萄酒，以及几种不同型号的夏布利酒和德国甜葡萄酒）。在英国人居住区，经常可以发现多个饮用完的波特酒瓶和雪利酒瓶。在这里，葡萄酒爱好者们与店铺经理KK Wong交上了朋友，倾听他的建议，分享他丰富的葡萄酒鉴赏经验。从这个葡萄酒爱好者的小圈子开始，到1990年代，新一代的葡萄酒迷们脱颖而出了。他们年轻，熟悉互联网，有丰富的网络经验——这时的葡萄酒迷组织需要提供更多的葡萄酒供其选择，而且要更直接、更迅速地得到葡萄酒。葡萄酒真正风光的一幕出现了，进口葡萄酒从数量和价值上都超过了进口烈酒。催生葡萄酒消费迅速增长的，一是广告，它们宣传葡萄酒有益于健康；二是葡萄酒零售商店以及酒吧场所的欣欣向荣。葡萄酒的消费不单单局限于餐厅，还进入了充满活力的酒吧文化中，像兰桂坊及湾仔的酒吧，它们与英国酒吧十分相似；还有在铜锣湾及尖沙咀的卡拉OK和夜间俱乐部。第一家屈臣氏酒窖在1998年开业，随后的几年中，它主宰了整个香港十几个网点的葡萄酒零售店。

上图：中国茶　右图：自带酒水（BYOB—Bring Your Own Bottle）

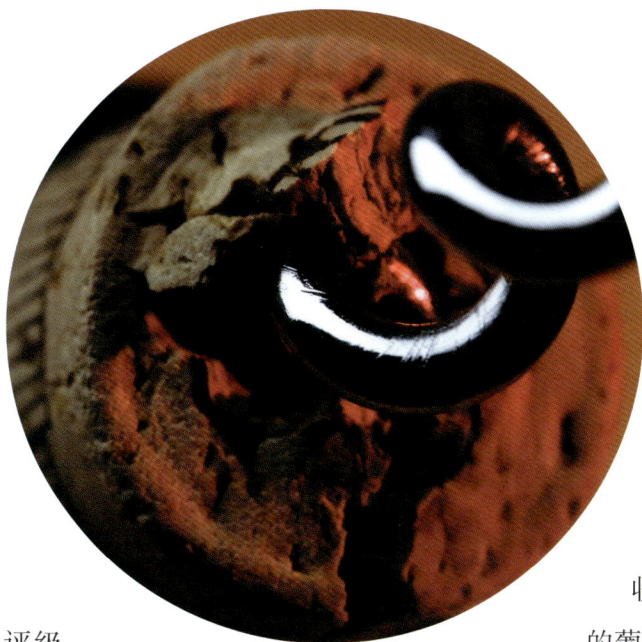

毋庸置疑，纷纷涌现的大量五星级酒店、高级餐厅以及各国的美食，是葡萄酒消费迅猛增长的催化剂。由于媒体大肆宣传红葡萄酒对健康有益，相对于白葡萄酒来说，红葡萄酒消费扶摇直上。在香港，标准的高级餐厅都拥有一份以红葡萄酒为主的酒单，列有波尔多酒庄产的陈年葡萄酒、评级较高的新世界红葡萄酒等。而这些传统的酒单也在不断变化发展着，只是变化得较慢。对红葡萄酒有着大量需求的不仅仅是香港本地人，富有的中国内地游客也加入了这支需求大军，而且数量越来越大。目前，在亚洲大多数城市，法国的葡萄酒不管是数量还是价值，都是在酒类中占据首要位置的，约占进口葡萄酒的三分之一。

此后，葡萄酒继续扩大着它的消费领域。葡萄酒已不再被视为欧洲餐厅专享的酒，即使是在海边偏远小岛上最简单的餐厅里，除了随处可见的塑料桌椅外，按瓶或按玻璃杯供应的葡萄酒也随处可见。在香港，由于没有关税和销售税，葡萄酒进口商之间的竞争十分激烈；而消费者呢，就能以非常优惠的价格尽尝世界各地之葡萄佳酿。

即使是漫不经心的观察者也会注意到，顶级的酒庄已达惊人的数量；在高档中餐厅，餐桌上经常出现经典新世界葡萄酒的身影。许多葡萄酒中的极品，都不是出自餐馆酒窖或列在酒单上的，而是属于某些私人收藏。过去，中国餐馆没有即开即饮的葡萄酒，因而自带酒水（BYOB）就成了一种传统惯例。即使像福临门这样的顶级粤菜馆，酒单也是现在才出现，而且还保留着低于150元港币的开瓶费惯例。通常情况下，城市里的开瓶费可以在100至500港币不等，至于老顾客，则大多是可免去的。因此，即使最好的中餐馆也几乎没有酒单会列出适合佐餐的美酒；但在大陆的五星级酒店里却是个例外，他们使用万事达酒店的酒单。自备酒的理念还延伸到诸如香港俱乐部、香港乡村俱乐部以及香港赛马会这些私人俱乐部。中国会、KEE俱乐部以及西普利亚尼俱乐部都是颇受欢迎的私人用餐俱乐部。它们提供美味佳肴的同时，也会递上酒单，为你配上美酒。这些私人餐饮场所一般只收取最低开瓶费，鼓励、提倡自带酒水，形成了一种独有的城市文化。

题外话：

食物的医药作用已经在中国人潜意识里根深蒂固了，特别在香港，中药和中药龟糕店比比皆是。食物被视作使身体恢复平衡的一种途径——平衡一个人体内的热和冷（即阴和阳）。红色的肉、蔬菜根和多数香料都被看作是热性食物以增加人体内的热量或改善循环。凉性食物（如蟹等海鲜、苦味的绿色菜，以及柠檬和酸橙等水果）对那些休内过热的人，或是在炎热天气下的人是有益的。碳水化合物通常被认为是中性的。烹饪方法改变着一例菜的阴阳属性。如果将蟹用干红辣椒油炸的话，它就是能使人增热的热性菜，但如果用来蒸，它就是凉性的。

葡萄酒和粤菜

在亚洲菜系中,粤菜看起来比较清淡,但它强调味觉的质感,注重鲜味的细腻,所以实际口味并不算淡。用新鲜丰富的食材提炼出的鲜美高汤,几乎能以各种形式运用在每道菜上,比如底料、腌料和汤底。粤菜的另一关键是高温。"镬气"并不仅仅意味着烹饪时所使用的高热,也表明要趁热食用菜肴。通常情况下,佐热餐的饮品也是热饮——茶或温水。清凉的起泡酒尽管与菜肴很相配,但在饮食文化上是不兼容的,很多广东人不喜欢这种酒。

尝试为传统粤菜配酒的最佳方式是先估计菜肴的组合,鉴定出其中最浓的口感,然后权衡盐油比重和烹饪方式。传统的粤菜很少过甜或过酸。

对主要菜肴和调味料的观察能帮你很快鉴别其最强烈的口味。例如炸素春卷相对来说比较清淡,但如果配上醋蘸料或甜辣酱就会变得口味浓郁。总体而言,粤菜喜欢用快火煸炒,偶尔用酱油、蚝油汁、味道较冲的咸豆豉来调味。这些酱汁不仅提升了食物的鲜度,更与许多高单宁、橡木味浓的葡萄酒产生冲突,因为酱汁能加重单宁,分散葡萄酒的核心主味。当然人们对红葡萄酒内单宁度的偏好有所不同,尤其对那些每日饮茶的本地人来说。

享用典型的本地佳肴时,人们可以选择清新爽口的葡萄酒来配餐,也可以选用那些能与食物风味大胆对抗的葡萄酒。大多数传统粤菜菜肴不会同时包括很多重口味,你容易鉴别出其主要的味道组合。此篇的最后一章将介绍粤菜中最普遍的味道组合,从而提供葡萄酒搭配的入阶指引。

口味不太浓郁的精制佳肴适合搭配口感细腻、层次复杂的葡萄酒,这些葡萄酒充满美妙的味觉质感,能烘托食物本身的质感。宴席上的小碟菜一道一道地顺次上来,而本地人最钟爱的鱼翅和鲍鱼等精美菜肴则通常是单独上菜的。筵席菜式往往先从浓味和大荤菜式开始,比如烤乳猪或北京烤鸭;蔬菜和面点等口味清淡的菜肴一般最后才上。食物上菜的顺序与从

题外话:

葡萄酒最难搭配的粤菜:

- 姜丝皮蛋: 脆爽,中等酒体的阿芭瑞诺或琼瑶浆。
- 不加姜皮蛋: 晚收型卢瓦河白葡萄酒或Smaragd级绿维特利纳(Grüner Veltliner)。
- 鸭舌: 年轻,带有泥土气息的勃艮第红酒或优质村庄级博若莱(Moulin á Vent或Morgan)。
- 炒苦瓜: 微甜的德国kabinett级雷司令或加州霞多丽。
- 凤爪: 果味型隆河山丘或新世界黑比诺。
- 豆豉炒芦笋: 无年份香槟或年轻的波尔多白葡萄酒。

轻体酒到重体醇厚酒的品酒顺序并不符合，因此为粤菜配酒时，最好的选择是同时上两种酒：红酒，多用途的白葡萄酒或者起泡酒。这样人们就可以用来搭配不同的菜肴了。

为传统粤式筵席配酒时，中低单宁、中度酒体、果香浓郁的旧世界红葡萄酒最为恰当。酒中的果味能与烧烤肉类相抗衡，中度酒体能呼应菜肴本身的醇厚，适中的单宁能恰到好处地烘托肉类菜肴，而不会带来口中黏滞的涩感或厚重感。而酒体饱满、浓郁的葡萄酒会分散菜肴的风味。白葡萄酒清爽的特质、足够的酸度能穿透许多煸炒菜式的味道，中和其油腻。一般来自凉爽气候带的白葡萄酒最合适，其果香细腻却不浓郁。

最好的白葡萄酒是中度酒体，而不是轻体的，这样不会有很重的橡木味，酸度也新鲜。橡木味重的白葡萄酒会破坏菜肴本身的精妙，因此首选有微橡木味的霞多丽和长相思。尽管白葡萄酒也可以与粤菜搭配得很好，但因种种原因，比如红葡萄酒对健康的益处、当地茶饮文化对单宁的高容忍度等等，使得白葡萄酒并没有成为人们的偏好。令人惊异的是，轻度到中度酒体的红葡萄酒与包括海鲜在内的粤菜也很相配。粤味海鲜菜着重质感，比如清蒸石斑或旺火炒活虾，其口感就很绵软。粤味海鲜还可有技巧地添加酱汁、葱和大蒜，从而提升菜肴的中段口感，将这些看起来精美绝伦的菜肴变得口感更加丰富、细腻，继而可以搭配合适的红葡萄酒。

粤菜和葡萄酒搭配一览表

基本风味
- 咸　●●●○○
- 甜　●●○○○
- 苦　●●○○○
- 酸　●○○○○
- 辣　●○○○○
- 鲜　●●●●○
- 风味浓郁度　●●●○○

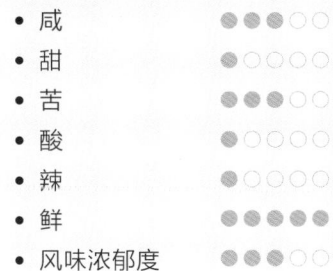

葡萄酒的考量因素
- 糖　干或微甜
- 酸　●●●●○
- 单宁　●●○○○
- 酒体　●●●○○
- 口感浓郁度　●●●○○
- 回味　●●●○○

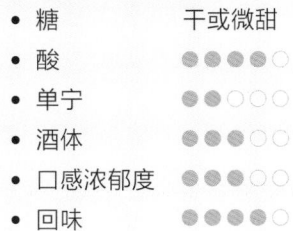

味觉
- 厚重 / 浓郁度　●●●○○
- 油腻　●●●○○
- 质感　●●●●○
- 温度　●●●●●

低 ●●●●● 高

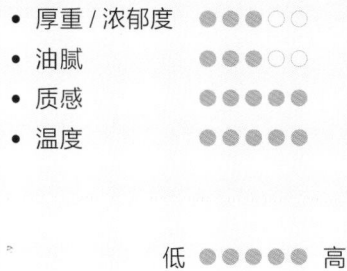

左图: 中式莲藕汤

粤式筵席的红酒建议

- 陈年的成熟波尔多, 20年或20年以上   ⑤⑤⑤⑤⑤
- 成熟的赫米塔希或南隆河谷罗蒂丘, 15年或15年以上   ⑤⑤⑤⑤⑤
- 勃艮第特级或一级葡萄园级酒, 10年或10年以上   ⑤⑤⑤⑤⑤
- 澳大利亚维多利亚州黑比诺或新西兰顶级酿酒商出品的黑比诺   ⑤⑤⑤
- 智利、阿尔萨斯或德国黑比诺   ⑤⑤
- 克罗兹·赫米塔希 (Crozes-Hermitage) 或北隆河谷圣约瑟夫 (St-Joseph) 酒   ⑤⑤
- 隆河山丘村庄级   ⑤
- 来自10大优质村庄、顶级酿酒商出品的博若莱   ⑤
- 意大利维纳图瓦尔波利塞拉   ⑤

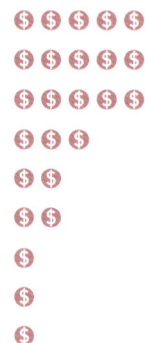

粤式筵席的干白和起泡酒建议

- 1980—1990年代的香槟   ⑤⑤⑤⑤⑤
- Puligny-Montrachet或Meursault, 特级或一级葡萄园级   ⑤⑤⑤⑤⑤
- 特级葡萄园夏布利   ⑤⑤⑤⑤
- 无年份桃红香槟   ⑤⑤⑤
- 奥地利绿维特利纳 (smaragd或federspiel级)   ⑤⑤
- 新世界, 凉爽产区 (新西兰、智利或澳洲) 霞多丽   ⑤⑤
- 轻微橡木桶陈酿的波尔多长相思, 普依芙美, 纳帕酒   ⑤⑤
- 马孔Mâcon村庄级或普依富塞   ⑤⑤
- 新世界传统法酿制、顶级酿酒商出品的起泡酒   ⑤⑤
- 传统法酿制的旧世界起泡酒普洛赛克 (Prosecco) , Sekt, 加瓦 (Cava)   ⑤
- 阿尔萨斯雷司令 (干型) 或灰比诺   ⑤
- 阿尔萨斯或德国白比诺   ⑤

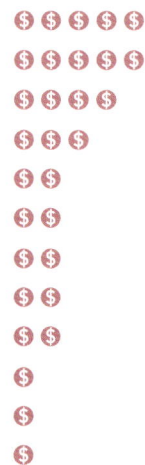

美金标志代表香港、东京或新加坡的平均零售价

⑤⑤⑤⑤⑤ > US$100   ⑤⑤⑤⑤ US$70-99   ⑤⑤⑤ US$40-69   ⑤⑤ US$21-39   ⑤ < US$20

右图: 蒸鱼

* *如果没有建议葡萄酒年份, 则选择近年的新酒。白葡萄酒宜在四年以内。*

典型菜肴

蒸叉烧包（上图）

蒸虾饺

豆豉蒸排骨

煎炸芋头角

煎萝卜糕

家常菜

点心（下图）

广式茶点

特点

- 味道、强度、浓郁度、丰满度和质地多样。
- 鲜味适中。
- 分量和浓淡适中。
- 所有菜肴的烹饪温度较高，罕有生食原料。
- 食物组合从清蒸海鲜、油炸春卷到叉烧包。
- 使用蘸料，如红醋、酱油、XO酱和辣椒酱等。

葡萄酒搭配窍门

考量因素

- 鉴于味道和质地的广泛性，酒的多用途性是一大关键。
- XO酱、以醋为主的酱料等通常与葡萄酒有冲突。
- 简餐虽营养丰富，却少了些精致。

选择

- 多用途的葡萄酒，果味适中，酸度适度，酒体轻度到中度。
- 轻度到中度酒体，单宁相对适中的红葡萄酒。
- 中度酒体，微带橡木味，酸度清新爽口的白葡萄酒。
- 桃红和传统酿造的起泡酒。

建议

- **映衬菜肴风味**：年轻的勃艮第村庄级红酒，新西兰黑比诺，澳大利亚轻度橡木桶陈酿霞多丽，普依芙美，阿尔萨斯灰比诺或雷司令，年轻的波尔多白葡萄酒，年份香槟。
- **佐餐**：日常南隆河谷酒，年轻、果味型瓦尔波利塞拉，现代里奥哈白葡萄酒，阿尔萨斯白比诺，南法桃红酒，传统法酿制的起泡酒。

禁忌

- 中性的酒。这种酒在蘸料和食物的味道里会黯然失色。
- 果味非常强烈的葡萄酒。这种酒会夺去蒸点的精致风味。
- 酒精度高、橡木味重的酒。这种酒会抢味。

清蒸海鲜

特点

- 清淡，精致，肉质甜美。
- 常常佐以酱油、生姜和葱。
- 加上了酱油和葱姜，质地依然细腻精致。
- 较少添加鲜味，注重原汁原味。
- 口味有限，注重质感。
- 调味汁少。

葡萄酒搭配窍门

考量因素

- 鉴于食材的高品质和新鲜度，酒的质量是关键。

选择

- 质地精致、无过重果味、层次复杂、富有成熟度的酒。
- 高品质、中轻度酒体的白葡萄酒或精致的红酒。
- 有良好中段口感，陈化沉渣的佳酿香槟。
- 轻度酒体，相对中性的葡萄酒。

建议

- **映衬菜肴风味**：白中白年份香槟，成熟的勃艮第红酒，成熟的特级夏布利，奥地利Smaragd级雷司令，成熟的猎人谷赛美蓉。
- **佐餐**：意大利北部白葡萄酒如灰比诺，两海之间（Entre-Deux-Mers）白葡萄酒，桑塞尔，卢埃达（Rueda），优质村庄级博若莱（Beaujolais Cru），传统法酿制的起泡酒。

禁忌

- 酒体饱满，果味浓郁或高酒精度的红、白葡萄酒。对清蒸菜肴来说太过浓重。
- 新酒。太过直接，缺乏高品质食材所要求的细腻度和有质感的中段口味。

典型菜肴

清蒸石斑（上图）

清蒸带子

芙蓉蟹肉

清蒸活虾（下图）

炖汤和高汤

特点

- 长时间煨制的高汤能带出浓鲜。
- 高鲜度创造中段味觉。
- 通常趁热食用，但与成熟的高档红酒搭配食用时，最好是温食而非热食。
- 经长时间焖煮后，汤里的食材变酥，鱼翅等关键食材会更加质感精致，味道细腻。
- 味道不复杂，口感圆润，回味悠长。
- 炖汤时可加入草药和药材。
- 少用蘸料，但鱼翅汤通常会佐以红醋。

葡萄酒搭配窍门

考量因素

- 由于汤底中的食材质感强，层次丰富，必须选用高品质的葡萄酒。
- 层次复杂、成熟的葡萄酒通常瓶装年份较高，适合搭配精致提炼过的鲜味浓烈的食材。
- 旧世界葡萄酒带有细腻的果味，与咸味搭配很好。

选择

- 成熟的、高品质的中到重度酒体的红、白葡萄酒。
- 不带明显水果特征的层次复杂的葡萄酒。
- 有足够年份和中段口味的佳酿香槟。

建议

- **映衬菜肴风味**：成熟的白中白年份香槟，成熟顶级勃艮第白葡萄酒，如特级夏布利或montrachet，成熟的波尔多白葡萄酒，成熟的勃艮第红酒，成熟的格拉夫或玛歌红酒等。
- **佐餐**：奥地利Smaragd级绿维特利纳（Grüner Veltliner），Puligny-Montrachet，阿尔萨斯灰比诺，勃艮第村庄级红酒，香槟。

禁忌

- 口感醇厚，充满果香或高酒精度的红酒或白葡萄酒。
- 年份较低的葡萄酒或非常简单的酒。这些酒缺乏高鲜度所需的细腻度和中段口感的质地。
- 苦涩的、单宁重的葡萄酒。会分散细腻的味道。

典型菜肴

炖鸡汤

上汤（荤汤）蔬菜

鱼翅羹

炖鱼汤

高汤鱼翅

豆豉炒菜

特点

- 重咸味，高鲜度，高温烹饪带出轻微烟熏炭火味。
- 快火煸炒中混合使用大量食材，包括肉类、海鲜和杂蔬。
- 烟熏炭火味提升菜肴的鲜度、味道和浓度。
- 经常加入生姜发挥它的香味。
- 根据厨艺使用少量或中等的油。

葡萄酒搭配窍门

考量因素

- 大量使用盐和鲜味料会与红酒中的生涩单宁味发生冲突。
- 主要食材从清淡的海鲜到大荤的肉类，但重盐和鲜度，还有快炒的烹饪方式要求选择相对强劲的葡萄酒。

选择

- 果味浓郁的红葡萄酒，中度酒体，适度单宁。
- 中度到重度酒体的白葡萄酒，酸度适中，可带轻微橡木味。
- 桃红或传统起泡酒，可搭配各种菜肴。

建议

- **映衬菜肴风味**：年轻的新世界黑比诺，年轻的勃艮第村庄级红酒，果味型南法红酒，年轻的波尔多白葡萄酒，凉爽产区的新世界霞多丽，加州白芙美，饱满酒体的无年份香槟。
- **佐餐**：简单的隆河山丘酒，年轻、果味型多赛托（Dolcetto）或瓦尔波利塞拉(Valpolicella)，澳洲长相思赛美蓉混调，南非轻微橡木桶陈酿的白诗南，南法桃红酒。

禁忌

- 高单宁葡萄酒。豆豉酱的咸味会强化单宁味。
- 甜酒会改变咸味菜肴的整体感。
- 清淡细腻的葡萄酒遭遇豆豉酱，会变得索然无味。

典型菜肴

牛肉、鸡肉或排骨等

煸炒肉类

豆豉炒蟹

炒蛤

典型菜肴

烤鸭（上图）

烤鸡或烤鹅

叉烧（下图）

叉烧排骨

烧烤肉类

特点

- 大荤，带咸味（酱油底）、微甜。
- 对比鲜明的质地组合，外皮香脆，里面的肉鲜美多汁。
- 高鲜度。
- 高脂肪。
- 常伴饭和面条，不用酱汁。

葡萄酒搭配窍门

考量因素

- 菜肴的味道浓重与否是关键。与之搭配的葡萄酒必须能对抗肉类的高脂肪。
- 重咸微甜意味着会加重酒中的单宁。

选择

- 重体醇厚的红葡萄酒，核心果味突出，酸度适中，单宁适度。
- 为使味道对比鲜明，可选择重体香槟或成熟而微甜的雷司令、够酸的琼瑶浆。

建议

- **映衬菜肴风味**：成熟的罗蒂丘或赫米塔希，成熟的新世界凉爽产区西拉，现代托斯卡纳餐酒，巴罗洛酒，现代芭芭罗斯科，阿马罗内(Amarone)，口感集中的年轻勃艮第红酒，新世界黑比诺。
- **佐餐**：现代奇昂第酒，瓦尔波利塞拉(Valpolicella)，多赛托(Dolcetto)，阿里亚尼考(Aglianico)或普里米蒂沃(Primitivo)等意大利南部红酒，南法西拉歌海娜或慕合怀特(Mourvèdre)混酿酒。

禁忌

- 轻度酒体或中性葡萄酒。会被菜肴的厚重和丰富度夺味。
- 果味不突出的葡萄酒。

清炒菜肴

特点

- 酱油底料带出中等咸味，鲜味适中，高温烹饪产生烟熏味。
- 食材多样，大多数为杂蔬。
- 常常加入生姜和大蒜。
- 一般使用中等油量。

葡萄酒搭配窍门

考量因素

- 鉴于快炒时蔬菜占很大比重，重点考虑葡萄酒的清淡口感。
- 菜肴总体来说偏清淡，最好选用中轻度酒体的葡萄酒。

选择

- 多用途的轻体葡萄酒，果味适中，酸度宜人。
- 中轻酒体的红葡萄酒，单宁如天鹅绒般柔软。
- 中轻酒体的白葡萄酒，酸度适中，能穿透油味。可微带橡木味。
- 桃红酒和传统方式酿造的起泡酒。

建议

- **映衬菜肴风味**：年轻的勃艮第村庄级红酒，新世界黑比诺，有一定年份的里奥哈，普依芙美，新世界长相思，阿尔萨斯灰比诺或雷司令，无年份香槟。
- **佐餐**：日常南隆河谷酒，年轻而果味突出的瓦尔波利塞拉，卢埃达或下海湾酒（Rìas Baixas）等西班牙酒，阿尔萨斯白比诺，脆爽的干型桃红酒。

禁忌

- 生涩强劲的葡萄酒。会分散新鲜食材的风味。
- 单宁重的葡萄酒。酱油会加重单宁。

典型菜肴

蒜茸小炒杂蔬（上图）

葱花姜丝炒虾

蔬菜小炒鸡肉（下图）

Jeannie的五大精选酒款
（搭配粤菜）

1 新世界黑比诺

- Pinot Noir，Felton Road，新西兰中奥塔哥
- Block 5 Pinot Noir，Bindi，Macedon Ranges，澳大利亚维多利亚州
- Pinot Noir，Kooyong Estate，澳大利亚维多利亚州莫宁顿半岛

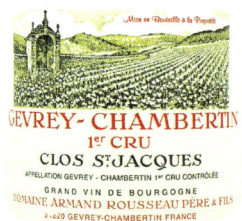

2 勃艮第一级葡萄园级红酒

- Gevrey Chambertin Clos St. Jacques 1er Cru，Domaine Armand Rousseau，法国勃艮第
- Chambolle-Musigny 1er Cru les Amoureuses，Domaine G.Roumier，法国勃艮第
- Clos de la Roche，Domaine Ponsot，法国勃艮第

3 卢瓦河白葡萄酒

- Pouilly-Fumé Buisson Renard，Domaine Didier Dagueneau，法国卢瓦河
- Sancerre La Grande Côte，Domaine François Cotat，法国卢瓦河
- Sancerre La Chapelle des Augustins，Domaine Henri Bourgeois，法国卢瓦河

4 德国白葡萄酒

- Haardt Muskateller Kabinett Trocken，Müller-Catoir，德国法茨
- Zeltinger Sonnenuhr Riesling Spätlese Trocken，Selbach-Oster，德国莫索Sauvage Riesling，Georg Breuer，德国莱茵高

5 无年份香槟

- Brut Reserve NV，Billecart-Salmon，法国香槟区
- Brut Contraste NV，Jaques Selosse，法国香槟区
- Brut Reserve NV，Pol Roger，法国香槟区

Jeannie的五大精选酒款
（适合特别大型场合、筵席）

1

成熟波尔多红酒
- 1982 Château Haut-Brion，法国波尔多佩萨克-雷奥良
- 1986 Château Cheval Blanc，法国波尔多圣艾米利永
- 1989 Château Lafite Rothschild，法国波尔多波亚克

2

成熟的北隆河谷红酒
- 1989 Hermitage La Chapelle，Domaine Paul Jaboulet Aine，法国隆河谷
- 1995 Côte-Rôtie La Landonne，Domaine Rene Rostaing，法国隆河谷
- 1990 Côte-Rôtie，Domaine Jamet，法国隆河谷

3

成熟的勃艮第红酒
- 1990 La Tâche，Domaine de la Romanée-Conti，法国勃艮第
- 1993 Vosne-Romanée，Domaine Henri Jayer，法国勃艮第
- 1996 Romanée-St-Vivant Domaine，Jean Grivot，法国勃艮第

4

勃艮第特级葡萄园白葡萄酒
- Puligny-Montrachet 1er Cru Les Combettes，Domaine Louis Carillon，法国勃艮第
- Meursault Perrieres 1er Cru，Coche-Dury，法国勃艮第
- Chablis les Clos Grand Cru，Domaine Francois Raveneau，法国勃艮第

5

阿尔萨斯雷司令
- Riesling Cuvée Frederic Emile，Maison F.E Trimbach，法国阿尔萨斯
- Riesling d'Epfig，Domaine Ostertag，法国阿尔萨斯
- Riesling Altenberg de Bergheim，Domaines Marcel Deiss，法国阿尔萨斯

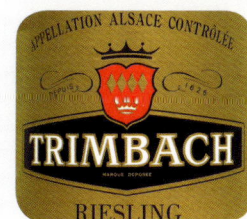

SHANGHAI

上 海

第三章

上 海

快 照

人 口: 2300万。

美 食: 品种丰富,国际化程度高。

招牌菜: 上海面拖蟹,狮子头肉圆,醉虾,红烧肉,小笼包。

葡萄酒文化: 中国内地最大、最成熟的葡萄酒市场,进口商、零售店及消费者的数量在不断增长。

葡萄酒关税: 约48%。

文化背景

上海这座现代化国际大都市,正昂首挺立于21世纪中国的前沿。如果说北京在稳步发展,上海则是在超音速飞翔。建于20世纪的沿外滩的建筑,几乎都已经改头换面,摇身一变为时尚的商业和金融网点;形成于1920、1930年代的奢华基调,如今仍依稀可辨。作为国际大都市和中国经济最活跃地区,上海的成长与发展,体现在本地精英和外籍人士的共同创造中。他们在如雨后春笋般拔地而起、闪闪发光的摩天大楼里愉快合作、共创奇迹;在欣欣向荣的城市发展中和谐相处。在上海的繁华街道上,布满来自世界各地的奢侈品店;城市的各个角落,用于市政建设的工程起重机随处可见。然而,那些上海特有的建筑装饰艺术,却残留着曾经的殖民遗迹。在供人们欣赏之余,它们默默地

讲述着这个当年"东方巴黎"的血腥史,以及那些骇人听闻的故事。

香港作为中国大陆与西方国家之间的贸易桥梁,有着悠久的历史,但它在规模上从未企及1930年代的上海。那时的上海是中国规模最大、最发达的商业城市,它之所以从一个小渔村、小码头转变为一个现代大都市,其转折点在1842年订立的"南京条约"。当年,以英国为首的外国领事馆迅速占领了这里,设立了上海最大的国际租界——英租界(英国与美国联合享有特许权),后来法国又设立了法租界。这些租界由外国人严格管辖,适用的是独立于中国法律之外的法规。当时的中国,对贸易带来的城市蓬勃发展,只能采取默认、放任的态度。

近一百多年里，外国企业帮助上海一跃成为贸易龙头，并把持着中国与西方国家之间的大多数贸易。以鸦片为主的贸易所得，肥了英国贸易商的腰包，但也资助建造了外滩沿岸的大部分楼宇。上个世纪之交，上海有1000多家鸦片馆。这座城市充斥着强势的外国商人、中国当地的黑帮、军阀、妓女和各路军事派别。

1940年代，日本打败了蒋介石的军队后占领了上海，西方列强独霸上海的局面宣告结束。1943年，日军控制了整个上海滩，包括外国租界。二战结束、日本投降后，国民党重新执政，留下来的外国人并未得到先前享有的租界自治权。1945年，以蒋介石为首的国民党，全力以赴地置身于一场反共内战中。1949年初，蒋介石逃到台湾，上海以及中国南方一带主要城市都倒向了共产党一边。一些上海人移居海外，其中包括以后在香港重建家业的贸易大家族。

从1950年代到1980年代后期，上海流失了数以百万计的出境接受教育的留学生，还担负着沉重的税赋，发展相当缓慢。中国渐渐敞开其外贸大门之初，上海并未添列其中。直到1990年，浦东这块黄浦江东岸的大面积土地，获批将建设成为上海的经济特区，而上海也获准成为自治市后，才极大地推动了上海的发展与腾飞。

上海转了一圈又回到原地。曾经是共产党的发祥地、也曾经是"四人帮"立足点的上海，已经不再有政治极端分子。如今的城市关注经济发展，而不再高蹈政治目标。浦东的轮廓宛如科幻电影里的一组场景，当然，外滩依旧是这个国际大都市里最繁荣的一隅。走在上海南京路上的人们，似乎更关心最新的时尚、科技以及奢侈品，而不再是政治了。外籍人士又重新聚集在旧上海租界区。上海再次成为世界上最繁忙的贸易港口之一。

美食和餐饮文化

上海邻近南京和杭州,它的饮食文化受到自身地理位置的强烈影响。相对于这两座历史名城来说,上海显得更加朝气蓬勃、时尚现代,其饮食文化很多源自较富裕的东部沿海及长江下游一带的邻城。马可·波罗曾经访问过邻近上海的两个城市——苏州和杭州,并描述了它们在13世纪后期呈现的富裕繁华和人情世故。

长江是中国最长的河流,它途经九省市后入海,并把中国分成南北两方;上海就坐落在长江入海之口。这里的气候温和,降水比北方多,自然造就一个鱼米之乡,蔬果也相当丰富。东部沿海城市历年的经济繁荣,造就了高度发达和完善的饮食文化。那些流传百年的食谱,有海鲜佳肴、各式糕点,还有食品上的精美雕饰。尤其来自杭州的那些食品,还有着完整的文字记录。

不同于北方的是,上海的日常饮食中,蔬菜和稻米是非常重要,乃至必不可少的,素食与海鲜一样受到重视。源于东部沿海的海鲜佳肴,在全国各地广为流传,并频频现身于最精美的餐桌上。举一个很有说服力的例子,有名的大闸蟹来自于阳澄湖,这些小小的、毛茸茸的、昂贵的甲壳类动物,享有人们对它的最高美誉;因此在食用它的高峰秋季,大量的仿冒品贴上印制的标签及序列号标榜自己,在市场中鱼目混珠。

上海的美食还包括各种东部沿海的特产:苏州的鲑鱼,绍兴的醉海鲜和醉肉,福建的各式汤品,杭州的龙井虾仁——它如同"叫化鸡"一样经典有名。

1990年代开始,上海的餐馆越来越多,它们提供传统的、现代的,甚至混合配搭的所谓海派美食。当那些以一例特色菜为招牌的本地餐馆仍然身居于小巷而未成气候之时,许多新兴的时尚餐厅却吸引了挑剔的食客们。"1221"和"杰西餐厅"之所以享有美名,是因为它们奉上的家乡菜地道味美,用餐环境整洁又时尚,且允许自备酒水,只收取少量的开瓶费。许多五星级酒店已经能够吸引顶级厨师,人们在这样良好的用餐氛围下聚餐,的确是一种享受。

小吃在上海的餐饮文化中尤为重要。这些休闲类小食品通常全天都有供应。以前这些小吃店主要开在后街小小的弄堂里,现在却摇身一变成了一个个有招牌菜的时尚小餐厅。精致的小笼包是上海的一道特色美食,闻名全国。其他有名的还有水饺和生煎,以及广受欢迎的炸洋葱饼、牛肉汤面和臭豆腐。上海有许多条美食街,如铜川路、吴江路等。

这些本地小吃摊、小餐厅,与欣欣向荣的西餐馆一起争奇斗艳。在过去的几十年中,西式餐厅、咖啡馆和快餐店已经成为当地餐饮文化的标志。上海吸引了来自世界各地的顶级西式厨师,如让·乔治、大卫·莱瑞斯、杰奎斯、劳伦特·普塞尔。在上海,创新尝试不断:餐馆乐意将本地的食材,进行西式烹饪,或者反过来做。新款食品的推出,总是给人带来惊喜。食客们也乐意尝试不同风味,以及打破常规的组合所产生的奇妙感受。对于上海的普通民众来说,深受青睐的麦当劳快餐连锁店,已经渗透到这个城市的每个繁华路段。

右图: 面条制作

料 理

上海菜的特点很明显，酸酸甜甜。这是糖和醋细腻融合的结果。与粤菜相比，尽管基本用料可能是相同的：鲜活的海鲜、新鲜的蔬菜和活家禽，但上海菜往往显得更软腻，口味也更醇厚。在南方，人们认为食物的新鲜度和当季性是至关重要的。政府为让城市变得干净整洁，统一管理了街头摊贩并改善其卫生条件，但露天市场、"水产市场"因其食材的新鲜和便宜，依然是居民们首先光顾的地方。

上海人使用酱油，可谓酣畅淋漓。"红烧"这种烹饪法很普遍，肉和蔬菜配以酱油、米酒、糖和姜，一起用文火慢慢熬煮直至酥烂。这些炖品中常常有富含脂肪的猪肉。炖海鲜要稍好些，不过还是重油。深受欢迎的虾子大悟参（用油烹饪的干海参），加入酱油、糖和虾子及少量黄酒烹调。

醋的用法也很广泛，既用于烹饪又可直接蘸用。邻近上海的江苏省镇江市生产的黑米醋，被公认为醋中极品。上海菜的口味主要是酸中微甜，与靠北和靠西的邻近城市不同，上海的餐饮菜单上很少出现辛辣食品。

就在上海的南边，浙江省的绍兴出产闻名遐迩的黄酒。绍兴黄酒用在许多醉品上，如广受欢迎的醉鸡、醉蟹，还有醉豆腐。上海人吃大闸蟹时用酱油、生姜和醋混合后蘸着吃，而且习惯用绍兴酒佐餐。浙江省还出产著名的干腌金华咸火腿。火腿有几种不同的烹饪方法——可以配上卷心菜或各种肉类做汤品，还可以作为凉拌菜的调味映衬。火腿能够提升菜肴的美味，获得奇妙的口感，在全国各地都广受欢迎。

再往南的福建省，对于上海的影响也显而易见：米糟酒是加工家禽及海鲜美食的基本酱汁料。米糟酒极大地丰富了食物的咸鲜味，并提升了发酵的鲜味，使味觉更美妙绝伦。福建菜中的汤品在上海也颇受青睐，是很多上海人用餐时的必备品。火腿、豆腐、竹笋炖的三鲜汤，虽然简单，却是上海人最爱的鲜美汤品之一。

典型的上海菜，包括很多开胃冷菜，常用香油、大蒜和醋来调味。广受欢迎的冷菜包括切成粒的蔬菜和豆腐，略加了辣椒提味的香油拌黄瓜、麻油鸡丝。上海人喜欢食用各种各样的泡菜，还喜欢把酱油、醋和姜等调味料混合后蘸用。

饮料和葡萄酒文化

虽然谷物类酿酒, 如绍兴酒和茅台酒, 已形成了良好完善的酒文化, 但上海依然引导着内地城市转向于选择优雅的葡萄酒。上海是中国最西方化的城市, 她高瞻远瞩, 富有进取精神, 成为进口葡萄酒的主要市场, 也是国内葡萄酒进口商的云集地。随着零售商和进口商的不断加入, 葡萄酒市场的动态如风云起伏, 变幻莫测。

茶是人们餐桌上的传统饮料。通常, 茶水是在餐前或餐后饮用的, 也可以在茶室里就着小点心慢慢享用。现在的上海与北京一样, 有着不同层次的饮茶空间, 在一些茶室和高档餐厅里能品到极品香茗。

1990年代, 上海进行了一系列葡萄酒的宣传活动, 营造出了一种氛围: 首先, 浦东向外来投资者敞开了大门, 上海成为一个独立的自治市; 媒体开始对红葡萄酒的健康效果日益关注, 扩大宣传攻势, 由此带来葡萄酒文化的欣欣向荣; 本地葡萄酒生产商也集中在上海投放巨资进行宣传和推广; 其他的食品和饮料企业, 还有众多星级酒店和西式餐馆, 都随之迅速发展起来。如外滩的米式餐厅 (M on the Bund) 和Jean Georges等许多餐馆, 它们提供富有情趣的葡萄酒单, 吸引了众多旅游者、外籍人士和本地精英。

2001年中国加入世界贸易组织 (WTO) , 葡萄酒关税下调至14%, 葡萄酒开始有了更大的利润空间。葡萄酒作为一种让人愉快和兴奋的饮品, 并非所有上海市民都能消费。不过, 这样的现象正在逐步改变: 国内葡萄酒品质的提升, 成为人们能够消费葡萄酒的切入点; 进口商和零售商之间日趋激烈的竞争, 使得酒价有了下调的空间。随着人们消费能力的提高, 葡萄酒似乎也已做好了准备, 信心十足地登陆大型超市、品牌酒专卖店, 以及各类大型食品店。

上海菜与葡萄酒搭配一览表

基本风味
- 咸 ●●●○○
- 甜 ●●●●◐
- 苦 ○○○○○
- 酸 ●●●●○
- 辣 ●●●◐○
- 鲜 ●●●●◐
- 风味浓郁度 ●●●◐○

葡萄酒的考量因素
- 糖　干或微甜
- 酸 ●●●●○
- 单宁 ●●○○○
- 酒体 ●●●○○
- 口感浓郁度 ●●●●○
- 回味 ●●●○○

味觉
- 厚重 / 浓郁度 ●●●◐○
- 油腻 ●●●●○
- 质感 ●●●◐○
- 温度 ●●●○○

低 ●●●●● 高

上图: 绍兴酒　右图: 焖蟹与涂抹了豆瓣酱的米饼

44

葡萄酒与上海菜

上海菜多油，常会加入醋、糖等调料，因此需要酸度紧实、口感脆爽的葡萄酒与之搭配。加醋的食物与葡萄酒搭配时会十分麻烦，因为酸味会盖过葡萄酒的果味。最理想的是用酒中的酸度来平衡。不过，许多上海菜中会加入糖，或者菜肴本身肥腻，这样醋味就会减弱。上海菜的酸味圆润而不刺激，适合用酸度脆爽、果味突出的中等至饱满酒体白葡萄酒来搭配。阿尔萨斯白葡萄酒酒体中等，果味突出，酸度紧实，是上海菜中开胃冷菜和海鲜类食物的理想之选。德国葡萄酒，甚至传统的微甜型葡萄酒都可与较为清淡的上海菜搭配。

在选择合适的葡萄酒来搭配上海菜的时候，关键的考量因素是葡萄酒是否有足够的酸度含量及清爽的口感。红酒要选择来自凉爽产区的，白葡萄酒和桃红酒也同样需要带有脆爽的酸度。高酒精含量、酸度不高的酒只能与有限的菜肴搭配，比如炖肉。另一方面，酒的果味过重会盖住一些菜肴的鲜

味，而高单宁的酒会放大食物中的咸味。

百搭也是重要的因素。葡萄酒既要搭配具有浓郁醋香和蒜香的冷菜，还要能兼容随后的五花八门的热菜，包括焖炖或清蒸的海鲜，以及以金华火腿为主要食材的菜。来自凉爽地区的黑比诺或果味浓郁的桑娇维塞属于百搭型，这种红酒带有鲜爽的果味，能平衡醋、生姜和盐的风味。可供选择的白葡萄酒则包括百搭的雷司令、灰比诺以及来自凉爽地区的未经橡木桶陈酿的霞多丽。

许多高鲜味的菜看起来非常浓郁，例如酒酿或酒糟菜肴，加入金华火腿的菜和用肉汤烹饪的海鲜。这时，来自凉爽产区——欧洲的成熟红酒就是合适之选，因为其酸度会平衡浓郁度。此外，成熟的红酒拥有更精致、紧实的质感，从而比年轻的葡萄酒更灵活，特别是来自勃艮第、北隆河谷和北意大利的成熟红酒，都是一顿考究的上海餐的绝妙搭配。

题外话：

如果只能举一个上海的名菜，那非江苏省阳澄湖的大闸蟹莫属。每到秋天，这些毛腿的甲壳类动物便来到扬子江的入口处并向西行进，以完成交配。最好的雌蟹一般在10月可以捕捉到，这时的蟹黄最为饱满；而雄蟹的最佳捕捉时段是在晚秋。由于蟹性凉，建议与黄酒（一种可暖身的酒）一起享用。阳澄湖大闸蟹可谓蟹中的劳斯莱斯，它被出口至亚洲的众多国家，价格从每公斤50至100美金不等。标签、激光防伪标志以及蟹脚上的"戒指"都是为了表明身份的正宗而采取的技术手段。当然，一些批发商也承认，超过半数的以顶级蟹名义出售的大闸蟹有可能只是赝品。

加入芝麻油、酱油、醋和大蒜的冷菜

特点

- 质感各异的清淡型菜肴。
- 混合了大蒜、醋、芝麻油或酱油和糖的风味。
- 鲜味中等。
- 少油。
- 上菜时温度偏冷或接近室温。

葡萄酒搭配窍门

考量因素

- 轻度酒体的百搭型葡萄酒有助体现菜肴的多种质感。
- 加入芝麻油的菜肴带有烘烤和坚果的香气，可搭配桶中发酵、酸度和果味突出的白葡萄酒。这类酒的风味可与蒜味匹配。

选择

- 酸度紧实，轻度至中等酒体的百搭型白葡萄酒。
- 单宁适中的轻度酒体红酒。
- 中等质感、酸度沁爽、轻微橡木桶陈酿的白葡萄酒。
- 桃红酒和传统方法酿制的起泡酒。

建议

- **映衬菜肴风味**：年轻的勃艮第村庄级红酒，来自凉爽产区、轻微橡木桶陈酿的新世界霞多丽，普依芙美，阿尔萨斯灰比诺，琼瑶浆或雷司令，德国kabinett级酒或干型雷司令，年份香槟。
- **佐餐**：南隆河谷日常餐酒，年轻而果味浓郁的瓦尔波利塞拉，来自凉爽产区的霞多丽，脆爽的干型桃红酒，轻度酒体，新世界黑比诺，现代风格的里奥哈白葡萄酒，灰比诺，南法桃红酒，传统方法酿制的起泡酒。

禁忌

- 强劲、果味浓郁的葡萄酒和酒体饱满、重度橡木桶陈酿的酒。这些酒会遮掩清淡菜肴的风采。

典型菜肴

鸡丝凉面

蔬菜豆干炒丁

凉拌黄瓜

烤麸

蘸醋的清淡类海鲜菜肴

特点

- 质感清淡，精致、多汁、新鲜。
- 醋是最常见的蘸酱，其他的还有加入了生姜和洋葱的酱油。
- 质感的细腻与醋的浓郁形成鲜明对比。
- 轻微鲜味。
- 少油、少脂肪。

葡萄酒搭配窍门

考量因素

- 考虑到醋的风味，酒中需要带足够的酸度。
- 轻度酒体的酒与菜肴清淡的原料、细腻的质感搭配十分理想。
- 酒需要带有足够的中段口感和厚重度，以匹配菜肴的各种美味成分和精致质感。

选择

- 来自凉爽产区、轻度酒体的白葡萄酒或细腻的红酒。
- 酸度清爽的起泡酒。

建议

- **映衬菜肴风味**：年份香槟，包括Volnay在内的清淡的勃艮第红酒，夏布利特级葡萄园，奥地利Smaragd级雷司令，西班牙下海湾酒，武夫赖。
- **佐餐**：北意大利白，卢埃达（Rueda），优质村庄级博若莱，新世界起泡酒，南法桃红酒。

禁忌

- 温暖产区的酒。这种酒酸度柔和，碰到醋后口感会变得松软。
- 酒体饱满、果味突出的白葡萄酒或红酒。这种酒缺少精致度。

典型菜肴

清蒸大闸蟹
龙井虾仁（上图）
蟹粉小笼（下图）

典型菜肴

醉蟹或醉虾

醉鸡（右图）

酒酿汁蒸鱼（下图）

酒糟菜肴

特点

- 清淡的海鲜或肉类中具有浓郁的米酒或葡萄酒风味。
- 口味精致，质感细腻。
- 鲜味突出。
- 冷热菜皆有。
- 低脂肪含量。
- 很少加调味料。

葡萄酒搭配窍门

考量因素

- 风味细腻的酒与清淡的食材十分匹配。
- 酒的架构和口感是否出色是平衡食物细腻质感的关键。
- 比起咸、辣味的浓郁酱料，基础的食材反而没那么重要。

选择

- 来自凉爽产区、果味收敛的轻度至中等酒体的葡萄酒。
- 单宁细腻的成熟红酒。
- 带有复杂风味，中段口感出色的中等至饱满酒体的白葡萄酒。

建议

- **映衬菜肴风味**：年份香槟，成熟的勃艮第红酒，成熟的巴罗洛，勃艮第特级葡萄园白，孔德里约（Condrieu），阿尔萨斯灰比诺。
- **佐餐**：北意大利白葡萄酒，卢埃达（Rueda），优质村庄级博若莱（Beaujolais Cru），新世界起泡酒，南法桃红酒。

禁忌

- 酒体饱满、果味突出的白葡萄酒或红酒。这种酒对精致风味的菜肴来说过于浓烈。
- 过于简单的酒。这种酒缺少精致度，缺少能与菜肴的质感呼应的中段口感。

咸味为主的菜肴和加入咸火腿的酱汁

特点

- 重咸味，食材通常比较清淡。
- 鲜味突出。
- 食材种类广，从肉类到精致的海鲜、蔬菜都有。
- 含油量中等偏少。
- 上菜时温度较高。

葡萄酒搭配窍门

考量因素

- 重咸、重鲜的菜肴需要单宁圆润柔和、带有足够果味的酒来平衡咸味。
- 鲜味柔化了咸味，因此用经过瓶中陈年的酒搭配比较理想。比起咸、辣的浓郁酱料，基础的食材反而没那么重要。

选择

- 中等酒体、单宁适中、果味开放的红酒。成熟的红酒更是理想之选。
- 中等至饱满酒体的白葡萄酒。

建议

- **映衬菜肴风味**：年轻、果味突出的新旧世界黑比诺，成熟的北隆河谷红酒，年轻的勃艮第村庄级酒，果味浓郁的南法红酒，年轻、桶中发酵的波尔多白，凉爽产区的新世界霞多丽，加州白芙美，酒体饱满的年份香槟。
- **佐餐**：简单的南隆河谷酒，果味浓郁的多赛托（Dolcetto）或瓦尔波利塞拉（Valpdicella），新西兰的长相思，南非轻微橡木桶陈酿的白诗南，南法桃红酒。

禁忌

- 高单宁酒。其突出的单宁气息会与菜肴中的咸味冲突。
- 酸度不足的酒。无法与重咸的菜搭配。
- 欠缺中段口感的酒。无法匹配菜肴的出色质感与细腻、复杂的风味。
- 甜酒。会破坏咸味和菜肴风味之间的平衡。

典型菜肴

盐水鸡或盐水鸭
蒸咸猪肉
佛跳墙

红汁烩炖菜

特点

- 在一系列的食材中加入了浓郁的咸味。
- 质感厚重，酱油风味浓郁。
- 食材种类众多，如猪肉、鱼和蔬菜。
- 中等至高脂肪含量。
- 鲜味突出。
- 通常配以蒸米饭。

葡萄酒搭配窍门

考量因素

- 重咸、重鲜的口感适合搭配单宁适中的果味型白葡萄酒或红酒。
- 高脂肪含量的菜适合搭配口感清爽的红酒。
- 重咸且风味浓郁的菜肴适合搭配果味突出的葡萄酒。

选择

- 中等至饱满酒体，单宁适中、圆润的果味型红酒。
- 带有突出果味的成熟红酒。
- 酒体饱满、单宁紧实的白葡萄酒。
- 来自波尔多或隆河谷的果味型桃红酒。

建议

- 映衬菜肴风味：成熟的北隆河谷酒，果味突出的教皇新堡，高海拔的阿根廷马尔贝克（Malbec），多罗河岸（Ribera del Duero）酒，凉爽产区的西拉或金芬黛（Zinfandel），凉爽产区、橡木桶陈酿的霞多丽，成熟的阿尔萨斯白。
- 佐餐：南意大利酸度较高的酒，如阿里亚尼考，果味型隆河山丘，瓦尔波利塞拉或利巴索（Ripasso），隆河谷白，Greco di Tufo，梅鹿辄或赤霞珠为主的桃红酒等。

禁忌

- 架构松散、高酒精度酒。这种酒与重质感的菜肴搭配时缺少酸爽度。
- 高单宁酒。因为酱油会加重单宁味。
- 清淡、精致的酒。酒香会被菜肴的浓郁风味盖住。

典型菜肴

封肉

走油蹄髈

红烧砂锅狮子头

红烧全鱼

Jeannie的五大精选酒款
（搭配上海菜）

1 成熟的教皇新堡
- 1990 Châteauneuf-du-Pape，Chateau de Beaucastel，法国隆河谷
- 1995 Châteauneuf-du-Pape，Clos des Papes，法国隆河谷
- 1998 Châteauneuf-du-Pape Cuvée Chaupin，Domaine de la Janasse，法国隆河谷

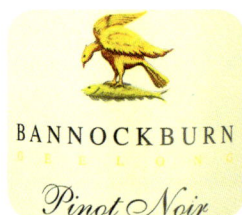

2 新世界黑比诺
- Pinot Noir，Bannockburn Vineyards，澳洲维多利亚州吉隆省
- Pinot Noir，Calera，美国加州圣巴巴拉
- Pinot Noir，Ata Rangi，新西兰马丁堡

3 加州白芙美
- Fumé Blanc Reserve，Robert Mondavi，美国加州纳帕谷
- Fumé Blanc，Château St.Jean，美国加州索诺马县
- Fumé Blanc Reserve，Ferrari-Carano，美国加州索诺马县

4 阿尔萨斯灰比诺
- Pinot Gris Laurence，Domaine Weinbach，法国阿尔萨斯
- Pinot Gris Clos Rebberg aux Vignes，Domaine Kreydenweiss，法国阿尔萨斯
- Pinot Gris Le Fromenteau Grand Cru，Domaine Josmeyer，法国阿尔萨斯

5 年份香槟
- 1996 Krug，法国香槟区
- 1999 Grand Annee Rosé，Bollinger，法国香槟区
- 1985 Oenothèque Dom Pérignon，法国香槟区

右图: 上海大闸蟹

BEIJING

北 京

第四章

北 京

快 照

人 口：1900万。

美 食：中国北方风味；受中国西部、东北部和沿海各省诸多城市最精华部分的影响。

招牌菜：北京烤鸭，炸酱面，火锅，动物内脏以及蒸包子（也叫馒头）。

葡萄酒文化：发展形成葡萄酒市场；中国大陆五大葡萄酒消费城市之一；过去的五年里，消费量以两位数的速度迅速增长。

葡萄酒关税：约48%。

文化背景

北京让人感受到舞动的中国巨人背后所蕴藏的巨大力量。在中国的沿海城市，耀眼的摩天大楼和大理石办公楼宇纷纷矗立，展示着城市的活力和成就；而北京则是以它自己的稳健步伐向前迈进。你听，他们的普通话带着京腔，拉长了音还带着儿化，慢条斯理，字正腔圆。天安门广场是世界上最大的公众广场，你到那儿走走看看，就能明白中国是在坚持不懈的改革开放中坐上了世界巨头之位。北京城里和周围的景点，比如长城、祈年殿和紫禁城，都增强了中国在国际舞台上日益提升的影响力。

北京作为历代王朝首都的历史可追溯到10世纪。北京是辽的附属首都，却是金（公元1115–1234年）的首都，称作中都、中部首都。这两个朝代建造了一个大城池，周围再构筑起防御围墙。1215年，成吉思汗进入，城墙遭到破坏。他的孙子忽必烈在大约60年后重建了城池，将这里建成帝国的权力核心——东起中国沿海，向西、北延伸至俄罗斯、中东及部分东欧国家，构筑了他的庞大帝国。明朝建于1368年，蒙古人的宫殿被夷为平地。明朝在这里重新修建了帝国之城。

大约300年以后，明朝经济因大量腐败而蹒跚不前，激起广大农民和当势太监们的极大不满。1644年，一场农民起义爆发了，满族人夺取了政权，推翻了明朝，建立起清王朝。清朝前半段的统治还相对平和，后半段则因冲突斗争纷起而变得千疮百孔，直至1911年彻底崩溃，王朝灭亡。

54页图：宏伟的北京紫禁城

上图：中国长城　右图：王府井街

　　清朝在衰败前，就面临着各种势力的反抗与侵略。1900年的义和团运动，是清朝走向灭亡的标志。几个月后，欧洲列强占领了北京。

　　在西方国家的施压影响下，清政府进行了大量的革新，这奠定了现代社会的基础：妇女接受教育，警察接受培训，建立了第一所高校图书馆，改善了城市基础设施……清朝灭亡后，国民党成立了中华民国，孙中山任第一大总统。但这个脆弱的政府执政之初是在中国的南方，它反对军阀、反对共产党，争取北方的支持力量。1937年，日本人轻而易举地占领了北京及近邻天津，并把它们圈入到其日益扩张的包括满洲在内的"大日本帝国"版图中。北京被日本人占领多年，直到1945年日本战败投降。

　　二次世界大战后，北京城回到国民党手中，但他们的执政却软弱无能。随后共产党崛起，并在毛泽东的领导下取得了1949年的全国性胜利。但是，接下来的两个时期却使中国停滞不前。第一个时期是在1958年，毛泽东提出"大跃进"，全国开展集体劳动，实现钢铁和农业生产产量翻番，从而实现自给自足、丰衣足食的理想。但最后失败了。第二个时期是从1966年开始的"文化大革命"。

　　现代中国历史学家喜欢将1976年看成是中国的一个转折点。那时，毛泽东的拥护者邓小平提出外向型经济，并将其提上国家经济发展日程。1980、1990年代，中国经济发展突飞猛进，首先在沿海城市创建经济特区，之后逐步开放，向内陆地区发展。这是邓小平思想的成功创举，中国因此重新迈向世界舞台。外国投资者的资金，资助了新基础设施建设和工业的崛起与发展，中国最终发展成世界的制造加工中心。到了21世纪，中国已不仅仅是一个世界成员国，更是世界中心舞台上的一个大国。2008年的奥林匹克运动会是中国的一次盛会，让全体中国人感到自豪。在中国与世界共同谱写的历史中，时代已翻开了新的一页。

美食和餐饮文化

与本书所提到的亚洲其他美食城市相比，究竟是什么使北京那么地与众不同？是丰厚的历史底蕴，还是其美妙的建筑艺术？总之，它们给北京的餐饮文化带来了特殊风貌。那些曾经属于王朝时期的小胡同、窄街和弄堂，和那些修复一新、令人印象深刻的四合院，现在正向食客供应着美味佳肴！

北京城的饮食文化，明显受到北方极端气候的影响。冬季，气温在零度以下；全年的无霜期仅180天。防寒保暖，最有效的办法就是吃热的食物，因此人们常常在桌上支起炊具烧炭，或用火锅，一边烹饪一边享用。食物通常味重，满是色深近乎于黑色的酱油——这是源自日本的一种较辛辣的咸味豆酱。红色干辣椒因食后能让身体变暖，在北京菜肴中被普遍使用。当然，在以辣为特点的川菜中，它的使用更为普遍。

北京的春季深受沙尘的困扰，而夏季又极其炎热。北京的蔬菜，过去通常仅限于大白菜和白萝卜，但随着经济的发展，现在全年都能供应品种丰富的蔬菜。北方缺水，适宜种植麦类等谷物，而稻米的生长就较困难；因此小麦制作的包子、馒头、小饼，以及粗面条，成为北京市民的主食。

作为一个有着50多个民族的大国的首都，北京的饮食文化，就像它800多年久远的历史那样丰富多彩。在这些民族中，蒙古族、汉族和满族的饮食习惯，在北京的饮食文化中起

了决定性的作用。起源于北方游牧民族的蒙古族人嗜肉，特别是羊羔、禽类。羊肉和内脏，经常以炖、烤、水煮的方式来烹饪，或用肉来包饺子。

15世纪，明朝的都城从南京迁至北京，南方的汉族菜肴开始进入皇宫。明朝统治者因为不是北方游牧民族的后裔而在皇宫里显得非常独特。当时，众多太医引经据典，强调饮食和健康的关系，其中最有名的是李时珍的《本草纲目》一书。御膳中也开始有更多的鱼、蔬菜和水果。

在清王朝别具匠心的宴会上，必有昂贵的稀罕物，如黑熊掌和鲨鱼翅。那时宴会上通常有100多种不同的菜肴，在种类、数量及上菜顺序上有着严格的规定。如今，北京有一些餐馆仿制清朝的宫廷菜很成功，出了名，像靠近北海公园的"仿膳"饭庄，坐落在中国世贸中心的"美味珍"餐馆，以及前身为清朝内务府，后经精心打造、兼具时尚特征的"天地一家"等等。不管是清朝还是明朝，饮食文化都重在强调食物对人的保健作用。

时至今日，传统的中国抑或是韩国的中医师们，都认为通过摄入阴性食物和阳性食物能起到平衡人体阴阳的作用，从而给人带来身体的健康和谐。高脂、高蛋白及辛辣食物均属于阳性，许多蔬菜和水果因其含有大量的水分而属于阴性。一个

上图: 蒸包子

健康状况不佳的人往往属于阴性体质,因此医师常常建议他们多摄入些阳性食物以调整身体的阴阳。葡萄酒是由葡萄酿制的,故属于阴性类食品。

北京的饮食文化,受到它周边各省的强烈影响。比如山东,对北京饮食文化的影响就很明显。山东饮食文化包括汤品、海鲜,常用炒和蒸的轻度烹饪方式,这些如今都已成为北京现代烹饪的经典保留项目。来自山东的深受欢迎的食材,依然是当地的河鱼(比如鲤鱼)、海参、牡蛎、蛤类等特产。

可以这么说,1976年以前,北京的饮食文化就像荒无人烟的一片沙漠,私人餐厅根本没有立锥之地。私人餐厅的重出江湖是在1980年左右,如"悦宾饭庄"旧胡同中的私人餐厅迎合了北京市民的口味。1980年以前,北京主要靠一些小吃推车在街边出售便宜又好吃的方便小吃,如包子、饺子以及红薯等。

1949年以前创建的私人餐厅,在1950年代都被收为国有,如全聚德等百年老店。全聚德曾是毛泽东宴请美国总统理查德·尼克松吃北京烤鸭的地方,它因此而声名远扬。而现在,私有和外资的餐馆已将国有化餐厅边缘化,一跃成为饮食界的主流。

中国慢慢走出了1970年代的普遍贫穷,茶室再次在社会上流行起来。它们成为社区的社交、活动场所,供应着当地小吃、美食及茶水,就像是南方的饮茶。

1980年代,北京的餐厅遍地开花,餐饮文化欣欣向荣。当北京以一个大国之都的姿态向世界敞开大门后,世界各国都兴致勃勃,纷至沓来,拓展中国新兴市场。此时的北京,外国投资者不断涌入,观光旅游客日渐增多,政府官员们也忙于应

酬,应接不暇……这对北京的餐饮文化都起到了推波助澜的作用。北京市居民,以及庞大的外交阶层和还在增长中的当地富裕阶层,外出用餐机会相当频繁。

北京的餐厅像亚洲其他地区的餐厅一样,靠一道道看家菜打出了好名声。而"尚云轩"等供应珍稀茶叶的茶室,一壶茶的售价高达1700美元。大量的餐厅吹嘘自己供应的是北京最好的烤鸭,但当地人都知道,最好的烤鸭出自"大董"和"花家怡园"两家。很可惜,全聚德在后来更激烈的竞争中名声下降了。在北京,人们常常是奔着心仪的美食去饕餮一番,如饺子、烤肉、炸酱面、辣椒鱼,还有火锅等。

到了1990年代,北京餐饮文化又有了新变化:餐厅的美味佳肴毫不逊色,但用餐环境更美轮美奂,且风格独特,与美味佳肴相映成趣。一些曾是清朝皇宫大院等历史古迹的四合院,在1997年对外开放了。尽管里面已按时尚潮流装饰一新,但饱览眼底的紫禁城及护城河,能把你带入另一个时代。此后,依托于历史遗迹来经营的餐厅便大量涌现,它们均被改造成时尚型的餐厅。令人愉快的云南餐厅"大理"就是其中一家,川味的"源"餐厅也是其中之一。

餐饮风貌的变化始于20年前,现在更是彻彻底底地改变了。中餐厅、西餐厅以及快餐连锁店并肩而行。但究竟是什么使北京的餐饮文化那么独特,以致中国无一其他城市可与之媲美?应该说是用餐环境的独到带出审美情趣的别致:没有炫目闪烁的霓虹灯光,只有对美学原则的尊崇。今天,即使中国在快步发展,北京依旧显得从容不迫:遇事深思熟虑,时间仿佛是按几代和几个世纪,而不是几天和几个小时来计算的。

料　理

通常，美食专栏作家把北京当地的菜式归入中国北方美食，其美食的影响延伸至西部的新疆和东北部的黑龙江。明朝时，南方的汉人发明的菜式受到包括山东、江苏、浙江和福建等地的启发和影响。历史上，许多来自各地的厨师及烹饪技术在北京找到了栖身和用武之地：这里是美食的大熔炉，是美食的集散地。北京的众多招牌菜往往另有出处，并非出自本地。然而，有几个重要特征使北方口味的京菜有别于中国其他任何地区：它曾是皇帝的御膳，以小麦为主食、偶有大米，菜味偏重，深色酱料调味，是一种可在餐桌上现做现吃或边吃边保温的热菜。

传统上只供应给皇亲国戚和朝廷官员的宫廷菜，有着几千年的历史。但是，流传到现代的版本主要是明朝和清朝的宫廷菜。在清朝，丰盛的宴会上经常出现一些据说能强筋骨、补身体的珍稀之物，或带异国情调之品。举例来说，有各种动物的阴茎、骆驼的驼峰、猩猩的嘴唇和熊的脚掌等。在清朝，鱼翅和燕窝被视为尊品。即使是鸡肉、鸭肉和鱼这样极普通的肉类，也要匠心独运地烹制，方可呈上。宫廷菜让北京人引以为豪，但除了招待宾客外，平时很少有人会如此用餐。这些宫廷菜外强中干：外观漂亮，但其风味，比其外观显然要欠缺很多。

与宫廷菜相比，北京人日常饮食虽很简单，但却有滋有味。每餐必有肉，不同的烹饪方法能做出不同菜式的肉品。羊肉从元朝开始直至现在，一如既往受到欢迎，人们把羊肉放在火锅、炖品及烧烤中享用。猪肉是许多汉族菜的主要食材，鸡肉、鸭肉、鹅肉和其他禽类也被广为食用。通常的烹饪方法有烤、炖、全烧烤和焖烧，它们使肉类产生更丰富的美味。

以前，北京的稻米比较稀少，市民绝大部分的主食是以小麦为主制成的。现在不同了，稻米哪儿都有，不稀罕了，但包子，无论是实心的还是带馅儿的，仍然是其主食中不可缺少的。小麦制作的其他食物有饺子，还有不同形状的面条，上浇浓稠的深色酱油。食用小麦制作的小吃时，最好要配上干辣椒、大蒜、韭菜、大葱、香油和中国香菜，这样才能更好地带出其独特的北京风味。

题外话：

北京烤鸭的历史要回溯到700年前的元代。每一个以此为招牌菜的店，准备及烹饪过程都有所不同。但有一点共同：鸭子要有特殊的喂法，在其长到2个月大时宰杀最好。这些被强制喂肥待食用的鸭子，宰杀后被除去内脏，再缝上鸭身，表皮涂抹上酱料。鸭皮与肉之间要留点空气，这样在烤制过程中脂肪会溢出，鸭皮就色深油亮，而且脆香。然后将鸭子挂起晾干，鸭皮擦上麦芽糖再放入烤箱烘烤。传统的餐馆是将鸭子悬挂在圆柱形的土炉上方，直接用明火烤，这样烤出来的鸭子格外香酥，为许多烤鸭迷们推崇备至。人们可以在好几道菜肴中用不同方式来享用鸭子，比如吃脆皮，佐以糖和大蒜；鸭肉则切成片，和薄薄的面饼一起吃；其他已经切下的鸭肉和切粒的蔬菜，用生菜叶包裹着吃等等。

上图：北京烤鸭肉切片　右图：食用北京烤鸭时配的薄饼

饮料和葡萄酒文化

茶与酒精饮料一样，在中国已经延续几千年了。茶文化广为流传，茶室成为社会生活中人们进行社交活动的场所。如今，茶在中国大多地方被视为儒雅之物，除了缺水的内蒙古和西藏等地。茶的世界较为复杂，不同于葡萄酒的世界。茶树品种很多，山茶树就有300多种。茶叶的质量由很多因素决定，比如自然风土，栽培方法，采摘、分拣、干燥、烘焙等环节。普洱茶、绿茶、乌龙茶等，每种都有六个主要等级，每一等级均有严格的生产制作工艺。最好的茶叶经常要卖到每磅几百美元，甚至更高的价格。在北京，高档茶室主要迎合富裕阶层的消费者，那里供应着几乎每个产茶地区的极品香茗。如今，各省的茶叶管理部门开始允许独立的经销商销售茶叶，政府不加干预，这便使更多的茶叶以当地特产的形式出现于市场。

在国内有品酒读史的传统说法，品尝葡萄酒或其他水果酿制的酒，就像是品读一段历史文化。但纯葡制酒是近些年才从其他水果类酿酒制品中独立出来的。欧洲的葡萄酒早在中国的明朝（1368-1644年）期间已经入境，并在少数人群中流传，主要集中在外籍人士的聚集地。这种情况延续了几个世纪。直到1980年代，中国才建立了一个正式的酒庄——山东省烟台市的张弼士，创建了第一个商业性的酒庄，供应欧洲款型的维尼费（VINIFY）葡萄酒，这是用欧洲30多种不同的欧亚种葡萄所酿制的葡萄酒。

在共产党政府实行国有化之前，中国只有不到10家酒厂，包括德国人建立的青岛酒厂、日本人建立的同化酒厂等。1950年代到1970年代，酒厂突然如雨后春笋般出现：沿海的河北东部、山东和江苏省，内地的河北中西部、河南、山西和陕西。酒厂甚至遍及更远的甘肃、宁夏和新疆。

1970年代末，甚至在邓小平推行的改革开放前，整个国内已经有将近100家酒厂了。

制酒行业在1980年代扶植起三大酒巨头，形成强大气势，至今仍主导着市场。它们是：与人头马（REMY-COINTREAU）合资的皇朝葡萄酒，国有企业中国粮油及食品进出口公司生产的长城葡萄酒，当地政府与法国、意大利人士合资生产的张裕葡萄酒。国内这三大酒巨头，与比他们小得多的竞争对手，共同向市场提供酒类消费中绝大部分的葡萄酒。

1990年代前，北京像中国其他地区一样，主要消费啤酒和谷物酿制的酒精饮料，即白酒和黄酒。1990年代的葡萄酒工业，不管是制造商还是经销商，都获得了巨大动力。这是由一个与葡萄酒相关的事件引起的：1991年，美国的哥伦比亚广播公司（CBS）"新闻60分钟"节目，播报了一则红葡萄酒消费市场带来可观利益的新闻，经中国媒体广为援引，葡萄酒像"法式迷思"（The French Paradox）一样，在中国家喻户晓。1996年，葡萄酒成为中国国宴指定酒饮料。葡萄酒酒精含量远远低于谷物类的烈酒，"葡萄酒对健康有益"的说法被再度提起。

从2007年开始，中国被冠以世界十大葡萄酒制造商之一的头衔，同时也被列入世界十大葡萄酒消费者名单。现在中国的酒厂已经有几百家了，进口规模和消费市场迅速增长，以至于常常统计数据刚出炉，就已成为过去时了。2001年中国加入世界贸易组织时，葡萄酒关税下调至14%，但总税额还是达到近50%。在葡萄酒消费上，尽管北京落后于上海及其他一些沿海城市（比如广东的一些地方），但长城葡萄酒等国内品牌，由于有政府方面的坚强后盾，北京仍是其最重要的市场之一。

右图：中国葡萄园

进口葡萄酒以前主要采用批量散装的形式。但2005年后，瓶装进口量超过了散装进口量。尽管进口手续中需要提供的文件不断改变，给相关企业造成很大障碍，但昂贵的瓶装葡萄酒进口量正随着社会新贵的增加而快速地增长。葡萄酒展览会、葡萄酒品酒会、葡萄酒沙龙以及围绕着葡萄酒的一系列社会活动，成了北京新贵们饮酒文化的一部分。与他们南方同胞的光鲜耀眼不同，北方新贵们对待财富以及不断收藏的名贵葡萄酒的态度，显得更为低调而内敛。

在北京的鸡尾酒会上，葡萄酒与白兰地及威士忌一起出现。起先这只是外国人的酒精饮料，但很快便成了中国正式餐饮中必不可少的一员。现在，几乎中国所有的宴会上都备有葡萄酒，葡萄酒取代了以往的白酒或威士忌。在普通宴请及休闲式家庭聚餐中，食物是共同享用的，不管是侍者端上的小盘菜点，还是置于餐桌中央的大锅菜肴，抑或是一尾鱼，都是每个人分坐在餐桌边，共同分享。如果有酒饮料佐餐，景象也都一样：大家一起喝，从不独斟独饮。围绕着餐桌的敬酒最为常见，可以贯穿整场宴会，而葡萄酒及任何其他酒精饮料，在中国的社交活动中，都起到了人际交往润滑剂的作用。

现今，大多数的北京高档中餐馆都供应葡萄酒，而酒单上所列的葡萄酒经常是国内某产品独霸一方，比如长城或张裕，或者当地一个进口商的葡萄酒。后者提供的可选择的葡萄酒品种稍多些。当你看到整个城市各大餐馆的酒单内容基本相同时，你该知道这是人为因素所致，其结果是限制了进口商们对葡萄酒的组合选择。而在亚洲其他国家的餐馆里，自备酒水已成气候，他们允许真正的葡萄酒爱好者自带葡萄酒，还经常免去开瓶费。

题外话：

中国的茶文化传播始于唐朝（公元618-907年）。随着朝廷"茶赋政策"的实行，茶作为最大的商品之一而被管制，成为朝廷独立的征税项目。英国和斯里兰卡种植茶树以前，中国一直是西方所有茶叶的供应商。中国第一位茶圣、唐朝的陆羽写过一本《茶经》，共三卷十章，讲述了茶的起源、栽培和品饮，受到人们极大欢迎，并由此建立起8世纪时的中国茶文化。到了宋朝（公元960-1279年），上乘的茶就有40多种。茶文化投射到现在的社会结构中，茶室就成为村民和城市居民喜欢的聚集地。中国的小吃首先用作喝茶时的佐餐小食，就像南方的点心；这些小点心丰富了饮茶过程中的美好体验，也平衡了茶饮料自身的苦涩味。

葡萄酒与中国北方美食

全亚洲的饕餮客们都奉行这一原则:重点不在最好的馆子,而在最好的菜。他们知道这些好餐馆之所以享有盛名,受到追捧,是因为精于某一菜式。小小的饺子馆做得出最美味的饺子,路边小摊卖的是最好吃的臭豆腐。高端餐馆就没那么大区别了,比如大董和全聚德的北京烤鸭,还有能人居的火锅。在这种氛围下,配餐的葡萄酒要能合得上这家餐馆的招牌菜,并和就餐环境相得益彰。

北方家常菜中肉菜居多,口味较重,因此家庭聚餐时,醇厚的红酒是不错的选择。然而并非所有菜肴都味重荤多,官宴精细,鲁菜中的海鲜就清淡细腻。在共餐制的宴席上,所有菜一齐上,对于主味和整餐的风格的鉴定就非常重要。如果宴席上有很多味重的菜式,口感醇厚的酒就与之很相配;如果菜式相对清淡,就要相应选择酒体较轻的葡萄酒。

中国北方菜总体而言比南方菜咸,味重。北方菜重盐重油,由于咸味会突出单宁,配餐时应该避免高单宁的葡萄酒。重油的菜式要求葡萄酒的酸度能足够解腻,中等单宁也可以平衡油腻。许多南部隆河谷酒和新世界凉爽产区的西拉酒、梅鹿辄酒都非常实用,因为这些酒果味重,有丰富但又得体的单宁以及足够的酸度来搭配咸、油、味重的菜肴。

许多肉菜大量使用大蒜、洋葱和芝麻油来提味,那么选酒时,应选口感浓郁、略带辣味回味的红葡萄酒,比如歌海娜或西拉。白葡萄酒中,来自凉爽或温暖产区的口感醇厚、橡木桶酿制的白葡萄酒,比如霞多丽或长相思具有更多的酸度,也很适用。中度到重度酒体的阿尔萨斯白葡萄酒也不错。一些没有标明晚收的阿尔萨斯葡萄酒会带残糖,尝起来略甜,比如Olivier Humbrecht酒庄出品的系列产品,这些酒配辣味或很咸的菜式正好;但对一些精致细腻的菜品而言,甜味会影响风味的完整性。

新西兰黑比诺酒体较重,年份较新,红莓味丰富,略加冷藏后可配许多北方菜。中奥塔哥地区出产的稠密、浓厚的葡萄酒比马丁堡和马尔堡的酒更适合。现代的勃艮第红酒和果味浓郁的多赛托和瓦尔波利塞拉等北意大利红酒一样百搭。

上图: 各种开胃的冷盘菜　右图: 中国宴席

北方菜系的烹饪温度很高，葡萄酒如以稍低温度品用，则可增加新鲜度而不影响酒的整体感。就着热菜，酒一入口便会升温，所以可以尝试将红酒浸在冰桶中，降温十分钟再行饮用。

在中国，当然也包括北京，人们喜欢在宴席上完成交易或者攀上交情。官宴注重新鲜度，采用来自全国各地的天然食材，鱼翅和燕窝汤等经典菜是高级官宴的常规菜式。与这些菜肴相配的酒类将在"香港篇"中列出。总体而言，宴请的酒品最好多样性，选中的酒应该能与很多菜肴都相配，它要酸度适中，照顾到不同的配料和烹饪方法。

同时供应两种葡萄酒带来了更多的选择，也使配酒能与更多菜肴搭配。由于北方菜口味偏重，用两种红酒可以搭配得很好：一种酒度重，口感醇厚，适合荤菜；另一种略轻，酸度清新爽口，适合海鲜、蔬菜和清淡类菜肴。许多白葡萄酒也很适合，建议选择其中味道略重、口感醇厚的来搭配重咸口味的菜肴。

中国北方菜和葡萄酒搭配一览表

基本风味		葡萄酒的考量因素		味觉	
咸	●●●●●	糖	干或微甜	厚重 / 浓郁度	●●●●●
甜	●○○○○	酸	●●●●○	油腻	●●●●◐
苦	●●●○○	单宁	●●●○○	质感	●●●○○
酸	●●○○○	酒体	●●●●◐	温度	●●●●●
辣	●○○○○	口感浓郁度	●●●●◐		
鲜	●●○○○	回味	●●●○○		
风味浓郁度	●●●●○				

低 ●●●●● 高

典型菜肴

香辣鸭

火锅汤底及各种肉类，蘸酱

水煮鱼

辣汤

特点

- 大量使用香料，口味丰富，味重，注重层次和质感。
- 高温烹饪。
- 多种组合，从汤汁很少的海鲜到有大量辣汤的薄切肉片。
- 蘸酱从醋、酱油、花生酱、辣椒酱到海鲜酱。

葡萄酒搭配窍门

考量因素

- 由于口味多样，香料丰富，葡萄酒的适用性广是关键。
- 至少选用中度酒体。因为蘸酱味重，辣汤的美味会强化菜肴的整体感和多重口味。
- 烹饪温度很高，要求饮用的葡萄酒温度较平常更低。

选择

- 多用途葡萄酒。果味浓重，酸度高，中度到重度酒体。
- 重度酒体、气味芬芳的白葡萄酒。因为芳香能衬托葱和洋葱的香味，酒会勾起佳肴的回味。
- 用途甚广的桃红和葡萄汽酒。冷藏后饮用更佳。

建议

- 映衬菜肴风味：南隆河谷红酒，如隆河山丘村庄级和教皇新堡，新世界凉爽产区的西拉和梅鹿辄酒，中奥塔哥黑比诺，加州白芙美，阿尔萨斯饱满酒体的白葡萄酒，年轻的孔德里约酒，香槟。
- 佐餐：法国西拉和梅鹿辄地区餐酒级，新世界果味型黑比诺，普罗旺斯丘桃红酒，普洛赛克、Sekt 和Crement等起泡酒。

禁忌

- 高单宁或橡木味重的葡萄酒。因为在食物高温、辛辣味和咸味重的酱料中，单宁和橡木味会被加强。
- 完全成熟的、细致或成熟度高的葡萄酒。高温和多重强烈口味会盖过酒味。
- 肥厚的葡萄酒。酸度不够或果味不足。

浓鲜酱

特点

- 中度，口感丰富、新鲜。
- 以酱油为主的酱料，从黑色咸厚的老抽到淡棕鲜咸的生抽。
- 主要成分融合了鲜味与咸酱带来的柔软丝绒质感。

葡萄酒搭配窍门

考量因素

- 高质量、精炼的葡萄酒要与高品质的调味料相配。
- 层次丰富的葡萄酒能平衡丝绒般的口感，绕齿鲜香。
- 与高鲜度口感和成熟度高、年份久的红酒相配。

选择

- 高品质中度酒体的红葡萄酒。如有一定年份更佳。
- 成熟的勃艮第白葡萄酒。

建议

- **映衬菜肴风味**：20年以上的陈年波尔多红酒，20年以上的陈年巴罗洛（Barolo）酒，15年以上的陈年新世界赤霞珠和西拉为主的混调酒，10年以上的陈年勃艮第红酒，至少8年的勃艮第特级酒园白，至少20年的德国Spätlese或Auslese级别雷司令。
- **佐餐**：来自勃艮第、德国、凉爽产区或新世界的黑比诺，里奥哈gran reserve酒，达维（Tavel）桃红酒。

禁忌

- 多单宁或果味强烈的葡萄酒。它们会破坏菜肴本身口感的精致。
- 新酒或单调酒。它们缺乏高品质用料所需要的中段质感和细腻度。

典型菜肴

浓酱海参

酱烧蘑菇

红烧鱼块

烤肉

特点

- 口味浓郁，多盐（通常使用酱油），混合香料。
- 外脆里嫩。
- 鲜度取决于其香料多寡。
- 中到高脂肪。
- 烧烤多用香料，烤鸭佐苏梅酱。

葡萄酒搭配窍门

考量因素

- 重口味是关键，尤其肉类要用许多香辛料腌制。
- 重盐，但略略有些甜味，这意味着葡萄酒内的单宁会突出。
- 高蛋白质适宜搭配红酒。

选择

- 重度酒体、口感醇厚的红酒，果味突出，富含单宁。
- 中度酒体红酒，如果味黑比诺或歌海娜等。

建议

- 映衬菜肴风味：成熟的罗蒂丘或赫米塔希，右岸波尔多红，成熟的新世界、凉爽产区西拉或赤霞珠混调，现代托斯卡纳地区餐酒，教皇新堡，澳洲西拉歌海娜慕合怀特混调（SGM）。
- 佐餐：隆河山丘，南意大利红酒（如阿里亚尼考或普里米蒂沃），南法西拉歌海娜或慕合怀特混调（SGM）。

禁忌

- 轻体或天然葡萄酒。它们会被菜肴的味道盖过。
- 细致而果味有限的葡萄酒。

典型菜肴

烤羊肉或羊羔（上图）
用羊肉、羊羔肉或牛肉
烤成的肉串
北京烤鸭（下图）

豆瓣酱

特点

- 咸味重。
- 底料用途多，可用于面条、蔬菜、肉类及豆腐。
- 低到中度油。
- 中到高鲜度。
- 可加入辣胡椒、碎果仁和洋葱条。

葡萄酒搭配窍门

考量因素

- 重盐和高鲜度会与红酒的突出单宁起冲突。
- 果味高的葡萄酒可搭配咸重口味的菜肴。

选择

- 中度酒体、中等单宁的果味红酒。
- 中到重度酒体、酸度强烈的白葡萄酒。
- 桃红和传统法酿制的起泡酒是保险之选。

建议

- **映衬菜肴风味**：年轻的新世界黑比诺或梅鹿辄，果味型南法红酒，果味馥郁的经典奇昂第，波尔多白，凉爽产区的新世界霞多丽或长相思赛美蓉混调酒，加州白芙美，饱满酒体的无年份香槟。
- **佐餐**：简单的隆河山丘酒，年轻、果味馥郁的意大利酒，蒙帕奇诺（Montepulciano），瓦尔波利塞拉（Valpolicella），南法桃红酒。

禁忌

- 高单宁葡萄酒。豆瓣酱很咸，会加重酒中的单宁。
- 质感轻、细致的葡萄酒。其韵味会被豆瓣酱的咸味盖过。

粗面食

特点

- 包子或饺子的皮微香、质软。
- 咸味馅料荤素搭配。
- 低油或无油，此类佳肴多为蒸煮，有时需炸。
- 多佐以酱油或醋。

葡萄酒搭配窍门

考量因素

- 首选轻到中度酒体的葡萄酒，因为佳肴由小麦制成，馅料精细。
- 可选用多用途葡萄酒，因为馅料多样，佳肴可用多种方法烹饪。

选择

- 百搭，质轻，果味不浓的葡萄酒。
- 轻到中度酒体，酸度强烈的红酒。
- 轻到中度酒体，果味不浓的白葡萄酒。
- 桃红和传统法酿制的起泡酒。
- 带少许甜味的德国产或阿尔萨斯白葡萄酒。

建议

- **映衬菜肴风味**：勃艮第村庄级白酒，如马孔（Mâcon）、普依芙美、波尔多白、奥地利白葡萄酒等，德国的Trocken，法茨（Pfalz）干型雷司令，西班牙下海湾酒，赫米塔希白，年轻的勃艮第村庄级红酒，马丁堡或塔斯马尼亚黑比诺，无年份香槟。
- **佐餐**：轻度酒体阿尔萨斯白，意大利东北部的灰比诺，优质村庄级博若莱，脆爽的桃红酒。

禁忌

- 果香浓郁的葡萄酒。包子等面食的口味相对温和，酒会夺其味。
- 橡木味浓郁的重体葡萄酒。菜肴本身味淡，酒会抢走菜的风采。

典型菜肴

肉包

韭菜饼（上图）

猪肉馅饺子（下图）

内脏类佳肴

特点

- 加以咸、辣味的汤汁或酱汁。
- 食材本身膻味重,常用大蒜或其他多味辛料去除腥膻。
- 中到高脂肪。
- 中到高鲜度。

葡萄酒搭配窍门

考量因素

- 酒味要经得住膻味、汤汁和菜肴本身的浓郁。
- 酒体偏重和中度浓郁的葡萄酒能勾起菜肴的回味。
- 葡萄酒中的腥味、咸味和辣味与菜肴中的相应味道是否呼应。

选择

- 质感醇厚的红葡萄酒。其腥味、辣味和酸度得以在菜肴中发挥。
- 丰厚粗犷的红酒。它与菜肴本身的咸腥相得益彰。

建议

- **映衬菜肴风味**:成熟、饱满酒体的隆河谷红,现代托斯卡纳地区餐酒,阿马罗内,阿里亚尼考或普里米蒂沃等南意大利红酒,Cotes de Bourg,西班牙托罗(Toro)和普瑞特(Priorat)酒,成熟的凉爽产区新世界西拉,索诺马金芬黛。
- **佐餐**:Cahors和Madrian等法国西南部红酒,现代奇昂第酒,南法西拉歌海娜或慕合怀特混调,南非比诺塔基,阿根廷马尔白克。

禁忌

- 轻体或中度的葡萄酒。会被菜肴夺味。
- 果味不突出的葡萄酒。

典型菜肴

牛肚 / 猪肚

猪腰子

鸭胗肝

Jeannie的五大精选酒款

（搭配中国北方菜肴）

1　**成熟的北隆河谷酒**

- 1988/89 Côte-Rôtie La Turque，Domaine E.Guigal，法国隆河谷
- 1991 Hermitage，Domaine Jean-Louis Chaves，法国隆河谷
- 1991 Côte-Rôtie La Mordorée，M. Chapoutier，法国隆河谷

2　**新世界赤霞珠**

- Monte Bello Ridge，Santa Cruz Mountains，美国加州
- Seña，Vina Errazuriz，智利阿空加瓜谷
- Cabernet Sauvignon，Moss word，西澳玛格利特河

3　**新世界西拉**

- Grange，Penfolds，南澳布诺萨谷
- Hill of Grace，Henschke，南澳伊顿谷
- Syrah Lorraine Vineyard，Alban Vineyards，美国加州Edna Valley

4　**顶级托斯卡纳红酒**

- Sassicaia，Tenuta San Guido，意大利托斯卡纳
- Redigaffi，Tua Rita，意大利托斯卡纳
- Cepparello，Isole e Olena，意大利托斯卡纳

5　**波尔多白葡萄酒**

- Domaine de Chevalier，法国波尔多佩萨克 - 雷奥良
- Château Haut-Brion Blanc，法国波尔多佩萨克 - 雷奥良
- Château d'Yquem 'Y'，法国波尔多苏特恩

左图：鱼翅汤

我们就是我们思想的产物。

——佛教箴言

TAIPEI
台　北
第五章

台　北

快　照

人　口: 260万。

美　食: 受到来自客家、福建、广东、上海以及四川美食的影响。

招牌菜: 牛肉汤面,蚵仔煎,猪肉饺子,三杯鸡,鸡血汤,米粥。

葡萄酒文化: 建立起极具潜力的葡萄酒市场。

葡萄酒关税: 约每瓶2美元,外加16%的额外税。

文化背景

　　台北是东亚一座最为典型的友好城市。尽管它已是亚洲经济最发达城市之一,但其节奏依然从容。台北没有香港惊艳的夜景和瞬息万变的气氛,当地居民却能在城市里享受各类开放的空间,如恬静可爱的公园、令人钦佩的博物馆,还有启迪灵感的寺庙。台北也没有上海灵动的奢华和摩登都市的诱惑,但这座城市的深度使它拥有独特的气质和魅力。几个世纪以来的自主开发和外来殖民的影响,已经奠定了它作为一个汇集该地区各方势力影响的都市。

　　台北的现代史源于15世纪最早定居于此的中国人,当时岛上主要聚居着已经有几千年历史的部落原住民。大规模的移民潮发生在15和16世纪,他们大多是来自福建的移民;今天,这些移民的子孙后代加起来,超过台北总人口数的三分之二。

　　16世纪时,欧洲人开始盯上中国大陆及其周边的台湾等岛,从而引起中国朝廷对台湾岛的关注。1860年,随着“天津条约”的订立,中国开始向欧洲及美国的贸易商们开放台湾的两个西部沿海港口。1895年,清军战败,被迫放弃台湾、澎湖列岛和冲绳岛,使它们沦为日本人领地。

　　日本人在占领台湾的50年历史中,致力于将台湾人“东洋化”,但结果事与愿违,与在朝鲜半岛上发生的情况如出一辙,均告失败。而日本的文化却在当地留下了深刻的痕迹,比如当地的饮食文化中,人们留有奉行神道和佛教的一些做法。

74页图: 台湾的中正纪念堂气势雄伟

上图: 台北故宫博物馆　右图: 夜市

第二次世界大战刚结束，由蒋介石领导的国民党挑起了与毛泽东领导的共产党之间的内战。1949年，国民党首领蒋介石逃往台湾，数以百万计的人跟随他出演了一场出埃及记般的大逃亡，移居到台湾岛。这个小岛是他们的临时基地，他们本欲重整人马，再作决战，以重新统一中国。但事实上，除了小规模战斗外，大的战斗未曾发生过。

新到台湾的大陆统治者和台湾当地民众之间存在着相当明显的文化隔阂：两代以上的日本人统治后，许多台湾人已经不会说普通话了。另外，当地人和初来乍到、出身农民、未受过教育的士兵之间，也存在很大的差异。所以，当地人与大陆统治阶层之间存有怨恨也就不足为奇了。

尽管政治局势一直紧张，但台湾的经济发展倒是相当迅速。台北开始树立起其作为纺织品和消耗品制造中心的声誉。人们逐步屈从于蒋介石的专制统治，致力于提高自己的生活水平。在蒋介石的统治下，台湾强行实施工业和农业改革，包括直接引进外国投资。到了1980年代，经济由劳动密集型的制造加工模式转为高科技产品生产的领军者。1975年蒋介石去世，台湾的政治格局发生了很大转变。他的儿子蒋经国继任国民党的领导人，开始了一系列政治改革：颁布了婚姻法，民进党作为第一个反对党宣告成立。1990年代，台湾及国民党的领导人和议会的席位直接由大众选举产生。2000年，国民党在执政了5届后，由民进党陈水扁接棒。陈水扁执政期间，台湾与中国大陆的紧张关系是有目共睹的，中国大陆坚决反对民进党的台独主张。2008年，国民党重新夺回执政权，这种剑拔弩张的关系才得以缓解。

1971年开始，台湾不再是联合国的成员国，外交关系相当受限制。1979年，尽管台湾尚在美国军队的保护之下，但美国转向承认中国大陆才是独立的主权国家。在政治局势紧张而且很不明朗的情况下，台湾继续沿着它的经济繁荣之路发展前进。

美食和餐饮文化

即使是语言丰富的本地人也很难给台湾的美食下准确的定义。台湾美食集合了中国南方菜式的特点，甚至融入了东南亚及日式风味。大多数人会历数牛肉汤面、蚵仔煎或萝卜糕等为台湾美食；不过再加追问，他们又会挠着头皮，继续历数其他一些并非源出台湾的美食。台湾的饮食文化很难定位，因为不同时期有不同的饮食文化要素，其中以几个世纪来各波移民潮的影响为最，移民们充分利用丰富的当地食材，结合家乡的风味和烹饪方法，创造出今日独特的台湾美食。

17世纪，福建移民来到台湾岛，发现主岛上的水果、蔬菜和海鲜俯拾皆是，且丰富多彩。400多年后的今天，人们饮食中的多种蔬菜依然采摘自山上，海鲜品也依然琳琅满目，且价格实惠，这是大自然的慷慨馈赠。所以，台湾人的主食中总包括了海鲜品，比如鱼、蚝、虾、蚬以及墨鱼等等。最初自大陆引进、后来逐渐成为台湾人日常主食的稻米和面条，现在台湾大多可自产。福建人将对美食及其绝妙口感的热爱，融入了他们的美味汤品中，慢工出细活般地焖烧食物，制造清淡却奇妙的口感。众所周知，他们偏好既咸又刺鼻的沙茶酱的丰厚口感，以及可口奇鲜

的酒糟。在台湾，福建的炖品和其他慢煮食品非常受欢迎。海鲜是主要食材，常与红酒、糖和老抽一起，慢煮成佳肴。最为著名的福州菜肴是"佛跳墙"，烹饪极为复杂：用30多种昂贵食材，配上人参、鹌鹑蛋、鲨鱼翅、鲍鱼、鸡肉和火腿等，慢慢炖煮，各种不同味道齐聚，最后合而为一。据说这炖品好吃得连佛都失去了定力，要跳过墙去品尝——菜肴由此得名。广受欢迎的福建菜，还有蚵仔煎、七星鱼丸和猪骨浓汤等。

台湾的客家族是有着自家独特方言的游牧族后裔，他们曾游走中国整个南部，有一支最后来到台湾。如今的客家族乡间家庭式餐厅里，仍可看到他们喜爱的重味传统菜肴，比如在动物身体内塞馅和猪肉炖品等，这已经融入到了台湾的传统饮食文化中。肉是他们菜肴中的关键食材，口味咸而醇美。盐焗鸡也是受欢迎的一道美食，其他如猪肉小点心、虾仁萝卜糕，以及配菜（腌菜和海鲜干），同样深受欢迎。酱油焖肉，借鉴了客家菜式中一种常用的烹饪方法。

来自中国南部的一些移民逐年迁徙到台湾岛，因此移民带来的粤菜在台湾美食文化中也起了重要作用。当地人对

上图: 萝卜糕　右图: 小吃售货亭

新鲜食材非常重视，许多海鲜馆都有偌大的海鲜喂养缸，喂养着鲜活的鱼和虾蟹。对鲜活食材的处理是否得当，以及食材肌理的重要特征，都是菜式中至关重要的因素。台湾的广东餐厅数不胜数，遇上正式的用餐，台湾人会首选港式粤菜宴。

台湾美食还受到中国其他许多地区的影响，这些影响来自分属于不同的政治、军事等团体的移民。17世纪，明朝忠臣郑成功率领3万大军抵达台湾，他的目标原是要以小岛为基地，推翻清王朝的活动；但后来他并未付诸行动。1949年，数以百万计的中国人跟随蒋介石，从大陆各方撤退、移居到台湾岛，这批移民中有厨师、农民，当然更多的是士兵和军政官员；因此，所有的中国菜式，如川菜、湘菜、上海本帮菜以及各种北方菜，都融入到了台湾菜式中。再后来，这些原味菜肴也入乡随俗地"台湾化"了。举例说，台湾的"担担面"仅用新鲜的香草、清汤、少油，与原来的传统汤面仅模样相似而已。

说到20世纪的台湾美食，大陆已不再是其唯一的主要影响者了。日本50年的殖民统治，给台湾的饮食文化留下了深刻的印记，即偏向日本菜的清淡，以至于台湾人在烹制上海菜和北方菜时，也习惯只使用少量的油。在厨房里，台湾人强调食材要高品质、无添加剂和符合严格的食品卫生标准，即便是简单的午餐，也极讲究包装和摆放，看得出日本便当文化对台湾饮食文化的影响之大。殖民时期，日本曾强化了素食文化，其实岛上居民原本已有食素的习惯。不过大多数台湾人并非严格的素食者，他们只是日常饮食中以素食为主，素食餐馆和自助餐在台北相当受欢迎。

1970年代的台湾，用餐还局限于宾馆所设立的中式、日式或西式餐馆。过去的几十年里，随着经济快速增长和中产阶级的日益增多，台湾的用餐风貌发生了戏剧性的变化。从实惠地道的地方佳肴到高档的国际膳食，几乎所有的美食都能在这里找到。而最为有名的中档西餐馆，则在大量外籍人士聚集的天目地区。

但是，在餐馆中你找不到最贴近台湾美食的菜肴，只有到街头和夜市的小吃摊上才会有收获。小吃是台湾人一日三餐的主要组成部分，包括蚵仔煎、肥牛肉汤面、蚝汤面、肉饺，以及米粥或稀饭。最具风味的美食佳肴，尽在繁忙嘈杂的小吃摊和时令夜市中。

料　理

虽然框定台湾美食相当困难，但还是能够识别台湾的经典菜肴，以及几种台湾人喜欢的食材经过混合搭配后的风味。台北及其他一些较为重要的城市都是餐饮文化的中心。当地菜谱已经包容了中国各地美食文化的影响，就像融入当年日本以及之前其他统治者的饮食文化一样。台湾人民就像北亚人一样，在烹饪中普遍使用调味料，譬如酱油、米酒和芝麻油，这种额外添加的配料混搭在一起，创造出一种更为独特的口味。这些调味料还包括黑豆、味噌、腌萝卜、花生、干红辣椒等，香草类有芫荽、香菜和台湾当地罗勒等。

同样一道美食，台湾当地更注重新鲜度，而且要比大陆的清淡许多。广受欢迎的罗勒和香菜，经常被最后撒在菜面上，为许多汤品和炒菜添色提味。台湾人摒弃了口味浓烈的绍兴黄酒，换成清澈透明、类似日本料酒的米酒来提升美味，这足以证明其对清淡口感和新鲜食材的讲究。

台湾的海鲜品种丰富，经常略微加工后便可食用，或干脆生吃，这也是借鉴于日式料理文化。身在岛屿，台湾人可尽情享用琳琅满目的海鲜品，包括墨鱼、海蜇、蛤和蚝等等。

新鲜食材用类似粤菜烹饪法，很少有复杂的加工，只是习惯性地加入些当地的香草。

即使面临历史上艰难的挑战时期，台湾人还是创造出了改良菜肴，最大限度地利用了有限的资源。当地的米粥（稀饭）使不怎么富余的稻米能养活更多的人口。薯类填补了稻米的不足，加入猪骨用水煮，再加上合适的配料，能增添美味口感。"三杯鸡"是一道传统菜肴，缘于资源和农业劳力的稀缺。黎明时分，一杯酱油，一杯米酒，一杯香油，浇淋在鸡肉上，放于一个大锅内用文火焖烧至傍晚时分，煨成一锅微辣的炖品，以罗勒在上面装点一下，就着米饭吃，简直酥烂诱人，喷香无比。

小碟菜肴和点心是台湾人餐中必备的美食。多样化的臭豆腐、饺子、蚵仔煎、猪血汤布丁，煎鲲鱼上撒花生，还有腌黄瓜等等，形成别具风味的系列美食。把小菜当作休闲小吃或餐中小点来享用，是当地美食文化的真正内涵。这些小菜、小点心，已成台湾人日常饮食中最舒适可口的部分，一旦出外，便会无比思念。出了台湾岛，即使在香港和中国南部众多大城市里，正宗台湾餐馆也出人意料地难寻。

题外话：

台湾的牛肉面通常配深色的美味肉汤。有个故事，很好地道出了这道美食是如何从中国大陆迁徙而来的。在大陆，牛肉面是长江南北地区的日常美食，但在台湾，台农依赖牛犁地耕种，很少有人吃牛肉。1949年，数以百万计的大陆居民移居台湾后，街头有了牛肉面小摊，且受到了不只是新移民，还有当地原住民的热捧。传统牛肉面从手拉面演变到刀削面，区别只在于面条的厚度及长度的变化。简单的汤底用光牛骨熬制，讲究点的则添加牛内脏和牛筋、牛腩等焖煮而成，再加上各种调料，如干辣椒、胡椒、八角、姜和大蒜等等。台湾人嗜好有嚼劲、有质感的面条和牛肉，故而牛肉面里的牛肉大多为半筋半肉。

右图：台式牛肉汤面

饮料和葡萄酒文化

几百年前福建人移居台湾时，带来了茶叶并介绍给当地。现在，不管是作为佐餐饮料还是单纯的品茶，茶已成为人们生活中的基本需求。茶叶种植成为了重要的商业，茶叶的出口则开始于约150年前。现在，台湾产的乌龙茶得到了国际权威们的高度评价。1970年代，茶文化在大众中迅速传播，茶室林立如雨后春笋，相关的组织、团体纷纷成立，进行着茶文化的研究和普及活动。在台湾，据说要用天然泉水冲泡口感纯净的茶，才是最好的品饮。品茶时，从选择茶壶到沏茶技巧，再到选择佐茶小吃，都需考虑周全——小小一壶茶，大有学问呢！

近年来，受欢迎的其他饮料还有咖啡，台湾南部已有了许多咖啡种植园。在台湾，新鲜的果汁和软饮料、本地碳酸饮料同样受欢迎。酒精饮料中，黄酒、白酒和米酒（类似于日本的清酒）都是热门。最受欢迎的白酒是台湾自产的高粱酒，由邻近中国大陆的金门和马祖生产的高粱，经发酵和蒸馏，酿成这种烈酒。

20世纪后半叶，啤酒被介绍到台湾，因其价格实惠，清新爽口，很快成为酒精饮料中最受欢迎的品种之一。政府所属的宝岛烟酒公司自产的一种"台湾啤酒"，以前一直垄断着台湾的啤酒市场；2002年台湾加入世界贸易组织后，宝岛烟酒公司仍然控制着台湾烟酒的生产。

随着生活逐步走向富裕，台湾人开始从当地烈酒转向进口白兰地和威士忌洋酒的享受，近年来又开始钟情于热门的葡萄酒。而酒税的减免和葡萄酒业日益加剧的竞争，又引发了1990年代中期台湾葡萄酒市场的繁荣；10年以后，消费高潮再度发生。另外，如果从奢侈品的角度来看，葡萄酒与经济形势密切相关。1997年和2008年的两次金融危机中，葡萄酒消费也因受牵连而一路下滑；但经济前景一有好转，葡萄酒市场即刻强烈反弹。目前，葡萄酒爱好者尚不多，但人数在不断增加中，他们已经从大量的出版物中，充实了葡萄酒文化的专业知识。

与其他酒精饮料相类似，葡萄酒正大肆入驻大卖场、超市、便利店和葡萄酒专业经销店，且从不断增加的销售量中获得利润。与此同时，食品和饮料销售网点也在激增。中档餐馆也开始供应起葡萄酒，葡萄酒已不再被视为奢侈品。由于有自备酒水的传统，食客们经常自带上品葡萄酒佐餐。在一些高档酒店里，出现了优质葡萄酒的酒单，比如喜来登大酒店（Sheraton）、舍伍德酒店（Sherwood）和里兹酒店（Ritz）等；但它们仍然无法与东京和香港酒店分号中的酒单媲美。最先设有奢侈品专柜的"别墅32"（Villa32）酒店曾有过令人难忘的葡萄酒酒单，表明台湾在销售上品葡萄酒方面利润正在不断上升。与其他许多亚洲国家类似，有关红葡萄酒有益健康的报道，以及葡萄酒消费逐渐成为人们一种优雅时尚的生活方式，致使葡萄酒成为酒精饮料中屡创销售奇迹的一种饮料。

上图：台湾的乌龙茶种植

葡萄酒和台湾菜

台湾人将中国大陆南方和其他地区的中餐，以及日本料理的特征融入了本地的美食中。一位分别在台北和香港居住过的美食家这样总结两地美食的区别："台湾菜和广东菜都很清淡，以海鲜为主，并十分强调食材的新鲜；其中台湾菜的风味更加浓郁和强劲。"

典型的台湾菜采用煸、炒、蒸、炖和水煮等烹饪方法，口感清淡。台湾菜最明显的特点在于其对新鲜的草本类，例如西芹、罗勒叶和香菜等的大量使用。轻度至中等酒体，带有能与草本和调味料匹配的足够果味的酒与之搭配较为理想，其中包括来自凉爽产区、澳大利亚、新西兰轻微橡木桶陈酿的霞多丽，新鲜的长相思赛美蓉混调酒，或高品质的果味成熟和层次复杂的新世界黑比诺。许多重鲜味的台湾菜需要成熟的红酒，例如1980年代的波尔多红酒或1990年代的隆河谷酒与之搭配。

台湾菜注重食材的新鲜、以海鲜为主的特点意味着白葡萄酒会是其不错的配餐之选。灰比诺或阿尔萨斯的雷司令那适度的果味、脆爽的酸度和优雅的风格，使其与台湾菜相得益彰。一级葡萄园或以上级别的勃艮第白葡萄酒或红酒也是得体的选择。至于更为丰盛的炖菜或风味浓郁的汤类，波尔多格拉夫（Grave）产区的成熟红酒与它搭配非常适合，它带有泥土的清新，并能与食物中的鲜味相呼应。

一些台湾菜的风味浓郁，咸味突出。最合适与臭豆腐这类风味浓烈的菜肴搭配的酒是起泡酒。脆黄瓜开胃菜，及客家菜等重咸味的菜肴，需要避开单宁味重的年轻红酒，因为咸味会加重单宁的涩味；倒是可以选择中等酒体的白葡萄酒或轻度酒体、果味浓郁、低单宁的红酒，如优质村庄级博若莱或轻酒体、歌海娜为主的红酒。

台湾菜和葡萄酒搭配一览表

基本风味

基本风味	评级
• 咸	●●●●●
• 甜	●●●●○
• 苦	●○○○○
• 酸	●●○○○
• 辣	●●○○○
• 鲜	●●●●○
• 风味浓郁度	●●●●○

葡萄酒的考量因素

葡萄酒的考量因素	评级
• 糖	干或微甜
• 酸	●●●●○
• 单宁	●●○○○
• 酒体	●●●○○
• 口感浓郁度	●●●○○
• 口味质感	●●●○○
• 回味	●●●○○

味觉

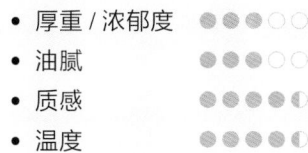

味觉	评级
• 厚重/浓郁度	●●●○○
• 油腻	●●○○○
• 质感	●●●●○
• 温度	●●●○○

低 ●●●●● 高

典型菜肴

臭豆腐(上图)

水饺

烤鸡爪

蚵仔煎(下图)

台湾小吃

特点

- 口味多样，其中部分风味辛辣而浓郁。
- 质感和风味浓郁度适中，不会过于厚重或油腻。
- 烹饪方法多样，如蒸、煮、油炸和炖。
- 醋、酱油和辣椒酱是常见的调味料。
- 中重度鲜味。
- 所有食物均用高温烹调，很少生食食材。

葡萄酒搭配窍门

考量因素

- 考虑到菜肴质感和风味的多样性，灵活性高的酒比较适合。
- 调味料通常较咸，因此与重单宁的酒会有冲突。
- 非正式简餐搭配日常餐酒。

选择

- 果味适中，酸度紧实，轻度至中等酒体的百搭葡萄酒。
- 轻度至中等酒体、单宁柔和的红酒。
- 带有宜人果香、中等酒体或经过轻微橡木桶陈酿的白葡萄酒。
- 桃红酒和传统法酿制的起泡酒。

建议

- **映衬菜肴风味**：成熟的黑比诺，轻微橡木桶陈酿、来自凉爽产区的霞多丽，果味馥郁的灰比诺或雷司令，年轻的波尔多白葡萄酒，现代风格的西班牙白葡萄酒，香槟。
- **佐餐**：轻度酒体、歌海娜混调酒，果味浓郁、成熟的长相思，简单的白比诺，干型桃红酒。

禁忌

- 会与菜肴的咸味冲突的高单宁酒。
- 会盖住菜肴风味的高酒精、橡木气息浓烈的酒。

海鲜

特点

- 主要食材都具有细腻的质地。
- 酱油是其主要调料，还会加入蒜、生姜和洋葱。
- 细腻，重鲜味，注重口感。
- 风味收敛，有时会使用极少的辛辣调料。
- 常会搭配米饭。
- 高温烹调。

葡萄酒搭配窍门

考量因素

- 海鲜类佳肴食材新鲜，因而葡萄酒的品质十分重要。
- 蒸、炒和焖炖类佳肴适合搭配质地出色、风味细腻的葡萄酒。

选择

- 轻度至中等酒体高品质白葡萄酒或精致的红酒。
- 年份香槟。

建议

- **映衬菜肴风味**：10年以上的年份香槟，成熟的勃艮第红酒，成熟的特级夏布利，Montrachet，成熟的猎人谷赛美蓉。
- **佐餐**：收敛的黑比诺，成熟的雷司令，未经橡木桶陈酿、来自凉爽产区的霞多丽，成熟的灰比诺，传统法酿制的起泡酒。

禁忌

- 酒体饱满、果味过重，或高单宁的白葡萄酒、红酒。这些酒对精致的海鲜类菜肴来说，过于浓烈。
- 过于年轻或简单的酒。这些酒缺少搭配高品质食材所需要的细腻度和有力的中段口感。

典型菜肴

炒螺肉

蒸明虾(上图)

豉汁蒸鱼(下图)

炖草鱼

美味汤类

特点
- 种类繁多，风味浓郁。
- 食材多样，如蔬菜、海鲜、肉类等。
- 高温烹煮。
- 重鲜味。

葡萄酒搭配窍门

考量因素
- 葡萄酒需在低温下饮用。
- 所选葡萄酒必须拥有出色的果味、紧实的酸度，这样才能与汤的复杂风味匹配。

选择
- 风味直接、中等酒体的果味型红酒，中等至饱满酒体的白葡萄酒。
- 芳香的干型白葡萄酒与鸡肉和海鲜汤搭配十分理想。
- 百搭的桃红酒或起泡酒。

建议
- **映衬菜肴风味**：果味型隆河山丘村庄级，新世界黑比诺，果味突出、轻度橡木桶陈酿的新世界霞多丽，阿尔萨斯饱满酒体、芳香馥郁的白葡萄酒，香槟，波尔多白葡萄酒。
- **佐餐**：简单的桃红酒，中等酒体的梅鹿辄或西拉，起泡酒，灰比诺。

禁忌
- 高单宁或橡木味过重的葡萄酒。
- 细致而过于成熟的优质葡萄酒。这些酒会因为汤的高温和辛辣而失去自身的风味。

典型菜肴
蚵仔面线(上图)
猪血汤(下图)
蘑菇、金针菇炖鸡汤
牛肉面

炒菜

特点

- 常用酱油、大蒜和生姜。
- 食材多样，海鲜和蔬菜最受欢迎。
- 中油。
- 鲜味适中。

葡萄酒搭配窍门

考量因素

- 轻度至中等酒体葡萄酒能与菜肴中的海鲜和蔬菜相呼应。
- 风格收敛的葡萄酒能与少辛辣气息的菜肴风味相配。
- 酸度紧实的酒能够去除油腻感。

选择

- 灵活性高、酸度紧实、果味收敛的中等酒体白葡萄酒。
- 单宁味不突出的轻度至中等酒体红酒。
- 桃红酒和传统法酿制的起泡酒。

建议

- **映衬菜肴风味**：村庄级或以上级别勃艮第红酒，来自凉爽产区的黑比诺，新世界风格收敛、来自凉爽产区的霞多丽，赛美蓉长相思混调酒，成熟的阿尔萨斯灰比诺或雷司令，西班牙下海湾酒，香槟。
- **佐餐**：博若莱，南隆河谷村庄级酒，年轻、果味浓郁的瓦尔波利塞拉，阿尔萨斯白比诺，脆爽的干型桃红酒。

禁忌

- 果味过重的酒。会破坏食材的新鲜和精致。
- 高单宁酒。会与重咸的菜肴冲突。

典型菜肴

蒜炒花蛤
海鲜炒饭
蒜炒西洋菜
竹笋炒牛肉

典型菜肴

三杯鸡

卤肉饭

红烧排骨饭

沙茶排骨饭

配饭的肉菜

特点

- 高蛋白，酱料偏咸（以酱油为主）或带轻微的甜。
- 高脂肪，因而口味更浓郁。
- 重鲜味。
- 高温烹调。
- 常配饭，因为饭能够冲淡菜肴的浓郁口感。

葡萄酒搭配窍门

考量因素

- 肉类为主的菜肴一般搭配红酒。
- 诱人的腌料和酱汁意味着果味突出的红酒能与菜肴浓郁的风味匹配。
- 有的菜肴重咸味，又带有一丝甜，则要求与之搭配的红酒具备成熟圆润的单宁，因为咸味会加重单宁。

选择

- 果味集中、单宁紧实，成熟的中等至饱满酒体红酒。

建议

- **映衬菜肴风味**：成熟隆河谷酒，成熟的新世界、凉爽产区西拉，成熟的纳帕谷赤霞珠混调酒，现代托斯卡纳餐酒，现代芭芭罗斯科，阿马罗内酒，成熟的波尔多红酒。
- **佐餐**：现代奇昂第酒，果味浓郁的瓦尔波利塞拉，南意大利红酒如阿里亚尼考或普里米蒂沃，南法西拉歌海娜或慕合怀特混调酒。

禁忌

- 轻度酒体或中性葡萄酒。其会被菜肴的风味和浓郁口感盖住。
- 果味收敛的精致葡萄酒。

Jeannie的五大精选酒款
（搭配台湾菜）

1 成熟波尔多红酒
- 1990 Château Margaux，法国波尔多玛歌产区
- 1983 Château Palmer，法国波尔多玛歌产区
- 1982 Château Lafleur，法国波尔多波美侯产区

2 勃艮第一级葡萄园级红酒
- Vosne-Romanée 1er Cru Les Beaux Monts，Domaine Leroy，法国勃艮第
- Vosne-Romanée 1er Cru Malconsorts，Domaine Sylvain Csathiard，法国勃艮第
- Pommard 1er Cru Clos des Epeneaux，Domaine Camille Giroud，法国勃艮第

3 勃艮第一级葡萄园级白葡萄酒
- Puligny-Montrachet 1er Cru Les Combettes，Domaine Leflaive，法国勃艮第
- Puligny-Montrachet 1er Cru Les Folatieres，Château de Puligny-montrachet，法国勃艮第
- Chablis 1er Cru Les Vaillons，Domaine William Fevre，法国勃艮第

4 阿尔萨斯雷司令
- Riesling Schlossberg，Domaine Paul Blanck，法国阿尔萨斯
- Riesling Grand Cru Kitterle，Domaine Schlumberger，法国阿尔萨斯
- Riesling Les Escaliers，Domaine Léon Beyer，法国阿尔萨斯

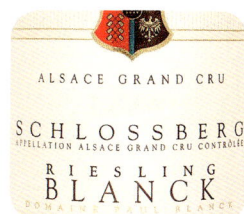

5 香槟
- Brut Tradition Grand Cru NV，Egly-Ouriet，法国香槟区
- Brut Classic NV，Deutz，法国香槟区
- Clos des Goisses，Philipponnat，法国香槟区

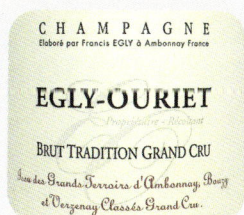

每天都是一段旅程，而旅程本身就是家。

——松尾芭蕉

TOKYO
东 京
第六章

东 京

快 照

人 口: 1300万。

美 食: 日本美食。

招牌菜: 怀石料理,寿司,油炸虾,荞麦面,乌冬面,鸡肉串烧。

葡萄酒文化: 亚洲最成熟的葡萄酒市场,葡萄酒进口数量最大、价值最高的亚洲进口商。

葡萄酒关税: 每瓶1.5美元,加5%消费税。

文化背景

东京,踩着诗歌才有的节奏,和着音乐悠扬的韵律,一步一点向前移动……其现代与传统并存的局面,一一展示在你面前。从东京到日本其他各地,坐火车既快速又便捷,如果是送货上门,不出一天准能送达。每天有350万人进入新宿火车站,那里却总是给人井然有序的感觉。站在日本建筑师设计的银座和黑川等未来派建筑之顶,俯瞰脚下的神社、穿着和服的女子,以及用木头、瓦片和纸建成的老式房子,会觉得神奇而不可思议。东京展现出它独特的魅力,生动有趣,极具诱惑力。

东京发展成如今的现代化城市当归功于持续两个半世纪的德川幕府的统治。之前,日本按大名(封建领主)的影响力划分土地。1600年,德川家康当政,并迁出江户(东京的前名)。1603年,他被皇室封为大将军。

与韩国类似,在新儒家思想的强烈影响下,当时日本社会中开始形成严格的等级制,将日本人分为四个等级:皇室是最高等级,不过其权力完全受到限制;紧随其后的大名及其武士,是执掌最高权力的阶层;其次是农民,再次是工匠、技工,最后是商人。在每个阶层里,行为守则制定得非常清楚,任何超越其所属阶层的行为都被严令禁止。

这一时期的政治稳定保证了日本经济的繁荣兴旺,艺术和娱乐也随之得到发展。1868年德川家康的时代结束,实权重新回到皇室手中,都城从京都迁至东京。在明治天皇的国力修复期,日本出现了翻天覆地的变化:建设了主要的基础设施,如海底电缆和铁路;实施了君主立宪制;成立了现代陆军,取代原先的大名;神道被指定为国家的宗教信仰;建立起了新型的欧式教育体系;加

90页: 黄昏时分,以富士山标志为背景的东京

上图: 姬路城堡　　右图: 日式传统饭店

速发展与西方国家之间的贸易和文化交流。各等级间的界限被慢慢打破,逐步形成了区域性。日本开始大展身手了。

在天皇的统治下,新成立的军队在与其两个强大的邻国的战争中取得了胜利:一次是1894–1895年侵略中国,另一次是1904–1905年对战俄国。日本慢慢建立起它的殖民地,包括中国台湾、朝鲜和密克罗尼西亚。明治天皇开始了缔造帝国的梦想,之后他的儿子大正天皇继位,后者的长子,即昭和天皇1926年继位,历经引发第二次世界大战的最关键的那几年,直到1989年。

日本人的顽强和勤奋,在战败后的日本复苏中得到最好的证明。日本在二战后短短十年里,城市走上了正轨,建造了地下铁路,改善了城市的基础设施。1960年代和1970年代,东京的重建速度快得令人咋舌,日本一跃成为亚洲最重要的经济、商业和金融中心。

1980年代,许多日本公司经营获得巨大成功,于是它们在西方主要城市掀起楼宇、土地以及其他商品的国际性购买狂潮。但是,1980年代后期股票市场的崩溃,使东京的前进步伐也随之放缓。

12世纪到19世纪的幕府统治时期,大将军奉行的理想传至下面的人民。武士道是武士遵循的行为守则,强调忠诚、服从、荣誉感、勇气和节俭的价值观。即使幕府统治结束后,这些价值观依然不变,被奉行并维持至今。现在的日本社会,从雇主或公司那里,还能强烈地感受到他们强调忠诚的价值观。这正好弥补了具有千百年历史的为统治者和被统治者推崇的儒家价值观,并形成了现在的社会各阶层。

除了儒学,其他能在日本社会和文化结构中起重要作用的准则,来自神道教和佛教。神道是日本唯一的国家宗教,也更贴近地反映日本人的价值观、生活方式及生活态度。神道相信极乐世界,认为世间的万物及死者都有精神所在。在仪式中,它强调净化及自然和谐,这体现在日本人对清洁近乎洁癖的重视,及尊重自然和注重细节等日常准则中。即便是日常三餐,他们也会对自然界的馈赠表达出谢意:*itadakimasu*(我开始吃了/我开动了)——这是他们在用餐前经常发出的赞叹声,为了满怀感恩之心地接受食物。

美食和餐饮文化

每个爱好美食的亚洲人，几乎都有爱上日本料理的经历。日本料理给人的第一个印象是每个碗、盘，及每种迷你食物，都是精致迷人的艺术品。从配料的选择到最后的成品，整个过程对细节的注重简直令人难以置信，仿佛是对美食举行的一个神圣的仪式。对日本料理的第二个印象则是深深的崇敬之情。把细节当作艺术，比如切鱼、制作豆腐、熟悉怀石料理的先后顺序等等……钻研得越深入，对那些致力于完善日本美食的人士就越肃然起敬。第三个印象已不再停留于表象，而是清楚地知道日本饮食文化是日本诸事的缩影：尊重自然和自然风味，耐心和勤奋地学习并掌握一门技术，坚持顾客为上的理念，尊重有才能的雇主，强调平衡，同时也关注和谐及视觉吸引力。

几百年过去了，日本料理已经上升至一个艺术境界。选用的食材都尽善尽美地呈现出食物的最佳风味。丰富的饮食文化及其演变，也折射出日本人的宗教信仰、政治立场和社会影响。自6世纪开始，佛教开始影响统治阶层的生活，并在随后的几百年间，被分裂成众多的思想学派。大约有一千年的时间，佛教强烈提倡的素食主义深深影响了日本的饮食文化。虔诚的佛教徒坚忍信念，不食鱼肉，于是豆荚在日本料理中就显得极其重要。但到了19世纪后期，在明治天皇的休养生息政策下，佛教开始走下坡路，神道上升为国定宗教，鱼肉也就不再那么令人难以接受了。

佛教要求即使在餐桌上，也当审视精神上的行为；神道相信食物的制作和享用能使精神更加觉醒，所以食物的切片、切碎和洗涤是礼仪的组成部分。神道在很大程度上影响了日本的饮食文化：饮食与自然和季节相连，最好的食物是应季的、纯净的和天然的。厨师也四季分明地从高山和大海选用当季的食材。

日本最好的厨师痴迷于保留食材的原始风味，不使用添加剂，但会去除影响风味发挥的因素，使食材更完美地展现其原汁原味。

亚洲的饕餮客们早被东京所折服。日本作为战后亚洲最

日本美食 * 和葡萄酒搭配一览表

基本风味		葡萄酒的考量因素		味觉	
咸	●●●●○	糖	干或微甜	厚重 / 浓郁度	●●○○○
甜	●●●○○	酸	●●●●○	油腻	●●○○○
苦	○○○○○	单宁	●●○○○	质感	●●●●○
酸	●○○○○	酒体	●●●○○	温度	●●●●○
辣	●○○○○	口感浓郁度	●●●○○		
鲜	●●●●○	回味	●●●○○		
风味浓郁度	●●●○○				

低 ●●●●● 高

右图: 新宿

*包含除怀石料理、寿司、生鱼片外的所有小菜

先进和最富有的国家，东京的餐饮气象随着经济发展很快发生了变化。餐馆数激增，它们必须找到独门秘诀，专业经营，才可能成功。相邻的一些区域都以专业经营而闻名，譬如银座有最好的寿司店，神田有最好的荞麦面店，神乐坂有最好的怀石料理店，有乐町的地铁站有最好的串烧店。

各种美食都会丰富人们的享用体验：在寿司店里，为数不多、一尘不染的小巧柜台前，可坐十二个左右的食客，他们喜欢享用现场制作的新鲜寿司，寿司的配料和顺序由厨师随意决定；在火锅和大锅炖品的专营店里，有自助火锅、寿喜烧和涮肉，大家一起分享美食，其乐融融；在嘈杂的地铁站里，拉面是最合适不过的美食；在最好的天妇罗炸虾店里，有与厨师近距离的座位，让你看着一只只蜷曲的虾在滚烫的油锅里欢快地蹦跶；在串烧店里，弥漫着烟香味和香喷喷令人垂涎欲滴的鸡油味……东京的独特魅力，在这些迥然不同的饮食体验中，可见一斑。

从高级烹饪到街边的休闲面店，即使是最简单的小吃店也有着质量上乘的美食。相比于巴黎和纽约，《米其林指南》给东京打上了更多的评级星星。

饕餮客们蜂拥来到东京并不只为日本料理。东京之外，亚洲再没有其他城市能吸引如此之多的世界名厨，比如杰米·奥立佛（Jamie Oliver）、诺布·马素萨（Nobu Matsuhisa）、托德·英（Todd English）、沃尔夫冈·帕克（Wolfgang Puck）等等。最近，人们又注意到国际顶级厨师们的作品中，明显受到日本料理的影响，比如厄尔布利（El Bulli）的费兰·亚得里亚尼诺（Ferran Adria）和乔尔·侯布匈（Joel Robuchon）大师独创的新菜系。日本料理通过在全世界范围内的碰撞磨合，使菜系中的一部分日本语进入了国际烹饪词典，比方说全世界都知道的"寿司"，是指生鱼片放在醋拌的米饭上；"天妇罗"指蜷曲、香脆的油炸食物；"味噌"是发酵豆酱。

题外话：
几百年近距离接触外国的经历，使日本融合了众多外国菜式的特点。这里有一些在日本相当受欢迎的菜式：
• 来自中国的面条、拉面、肉饺；
• 来自韩国的烤肉；
• 来自葡萄牙的天妇罗（也有学者证明其来自亚洲）。

料　理

日本离朝鲜半岛最近处仅100公里，但它的料理却与韩国和中国截然不同。日本饮食因其丰富多彩的个性和众多的地区差异，而拒绝任何一种简单的定义。对东京人来说，寿司可能是土生土长东京人的最爱，而其他像荞麦面、拉面和串烧等，可能是现代都市人的钟情。自1868年成为日本首都以来，东京已经汇集了京都精巧料理的精华。然而那时的当地人却相当嗜好重味菜肴，特别喜欢用深色的味噌和汤汁，这与讲究美学的美食家相差万里。如今，东京市民的日常饮食，与那些把巨大的战争沼泽地改造成今天人们耳熟能详的繁荣都市的劳工们相比，口味与嗜好似乎并没有很大的差别。

在东京众多独特的事物中，有一些是与日本饮食有关的：赞许食材的纹理，重视食材的鲜味，注重享用的顺序以及菜肴的视觉感受等等。不过，如果你非常强调味蕾的刺激，则日本的食物就显得过于平庸了。一道小菜如此地复杂与微妙，使人们能享受到美食之柔和、精致及质感带来的快乐。一片生金枪鱼片看似简单，其实很有讲究：金枪鱼的来源、新鲜度、大小、鱼龄、切片的精准度与刀工手艺、享用时的温度和佐餐的酱油及芥末的品质等等。甚至同一条鱼、不同部位的切片都有不同的名称：瘦的生鱼片称作马古罗（鲔），而肚子上较肥的部分则称托罗（红牛）。

"鲜味值"是由一位日本的教授发明的词，是大多数日本饮食的内动力。它既是一种与生俱来的、微妙的淡咸味，也是能够提升和强化菜肴原味的介质。汤汁的鲜味含量很高，为许多的汤品、焖烧菜肴和酱汁制作提供了完美的衬托。其他普通的调味料包括味噌、酱油（两者都极鲜美），糖、清酒、料酒（中等甜度的米酒）和米醋等等。

按着一定的顺序吃，这在中国的宴会文化中有着悠久的历史，而日本人更是把它提升到了一个艺术的境地。在传统的日式旅馆（日本的乡间小餐馆）里，精心选定的多道怀石餐，能使你享受到诗情画意般的体验。一道道精美菜肴顺次精确地伴随着礼仪鱼贯而至，从开胃菜到生鱼片，从红烧鱼、烤鱼，到装满各种调味料的漂亮的带盖碗。全套礼仪及相关服务用品如同料理本身一样重要，所以怀石餐经常是在私人寓所宁静优雅的氛围中享用，比如在一个花园或者陈列着观赏性树雕艺术品的地方。上菜的每个碗、盘或漆器用品，都精挑细选，要能与美食相媲美。厨师们考虑到季节和天气，尽力确保制作的美食在其风味的融合中尽显和谐自然与美轮美奂。为了获得视觉上的和谐美，黄、黑、白、绿、红等五大主要色彩，首当其冲会被想到并采用。

从鱼、贝类再到海里的蔬菜，大海带给人们无穷的灵感。日本人千方百计，贪婪地享用着大海慷慨的恩赐。其中最为独特的是生食法，像寿司和生鱼片。海味也是高汤的基本口味，鲜美无比，是日式汤品和各种调味料制作的重要基础，其中最为关键的成分是干熏鲣鱼和巨藻等。

自公元5世纪水稻种植被引进日本后，米饭就成了日本人的日常主食，即使早餐也不例外。面条也一样，几百年来一直受到欢迎。每种面条的制作都追求精益求精，一些餐馆甚至专业经营一种特定的面条，其中最受欢迎的有荞麦面（荞麦制

上图：怀石料理中的海胆

作）、乌冬面（厚、白小麦制作）、面（细、白小麦制作）和拉面（黄小麦制作）。

基本调味料中，黄豆是最主要的成分，经发酵制成豆酱。比如味噌就是发酵后的黄豆酱。它也是制作豆腐和腐竹（豆浆浮皮）的主要原料。新鲜毛豆加盐经水煮后，也是一种很好吃的小食。在日本，人们在食用成百上千种不同的干豆和鲜豆，这种饮食习惯给人们提供了每日最基本的蛋白质。

除豆类之外，蔬菜是中国虔诚的佛教徒的主要食粮。不管摘自高山还是来自种植农场，蔬菜经常被制作成焖烧类菜肴，也被做成腌菜、酸辣菜、榨菜，甚至是装饰用的食用蔬菜。在日本，到处都能找到成千上万种蘑菇和特别的菌类植物，它们与产自意大利北部的白块菌一样昂贵。举例来说，Matsutake蘑菇以其独特香味独树一帜，只需用一个小小的茶壶水煮，就能尽享其鲜香美味了。蘑菇鲜美的口感中，有着很高的鲜味值含量，我们可以从它的鲜度之深和纹理之质，去品析蘑菇带给我们的那种轻柔的、富有层次的味蕾享受。

日本人不像西方人那样按食物的主要食材性质来归类，而是按烹饪方法来分门别类。主要包括：烤制、锅煎、油炸、焖烧、水煮和醋腌等菜式。另有一类日常用餐包括：面条、炖品、米饭、汤和寿司等。因为主食材对调味料起的作用可能很敏感，所以，像豆腐这样的普通菜要与众不同，取决于它的烹制过程。

对日本饮食文化浮光掠影般的观察，仅仅是对这个群岛国家深厚的烹饪文化管窥一斑而已。日本的传统文化和美食都显得庄重、宁静和深奥。谈话时，怀着欣赏之心不时地停下来倾听对方；热爱看似简单的一石一树；朴实的蔬菜肉汁竟撞击出那么多微妙的风味……日本料理大师们制作的料理已经被赋予了灵魂。面对一个既有感官享受又闪烁着理想火花，并能震撼人们灵魂的料理，要不被它感动着实不易。

题外话：

日本的饮食分类

盖浇饭（DONBURI）：大饭碗装的小菜，上面放不同的食物，如猪肉片、鳝鱼或炸虾。

怀石料理（KAISEKIRYORI）：多道正式餐，使用应季的食材，极讲究视觉美感和食用顺序。

锅（NABE）：火锅。

什锦饼（OKONOMIYAKI）：一种咸的煎饼，里面有鱿鱼、细条的白菜和大坂地区的鸡蛋。

拉面（RAMEN）：黄色面条佐以猪肉汁。

生鱼片（SASHIMI）：生鱼片，佐以淡绿叶的辣根和豆酱。

涮涮锅（SHABU SHABU）：火锅，配料在餐桌上分别烹制，包括细长条的上乘牛肉片。

荞麦面（SOBA）：荞麦面条，多用酱油冷拌。

寿喜烧（SUKIYAKI）：火锅的一种，有细细的牛肉切片就着生鸡蛋蘸吃。

寿司（SUSHI）：生鱼片放在醋拌米饭上面，以绿叶的辣根装饰，也叫NIGIRI寿司。

天妇罗（TEMPURA）：轻轻敲碎后油炸的食物。

乌冬面（UDON）：厚、白小麦制面条，经常用来制作汤面或者爆炒菜肴。

瓦萨比（WASABI）：日本的一种辣根植物，淡绿色，现烤。

串烧（YAKITORI）：用烤肉叉烤制的鸡肉。

饮料和葡萄酒文化

日本的饮料文化很丰富，既有茶又有米酒类。毫无疑问，日本的传统酒饮不会只单纯一种，而是多品种的，这就给葡萄酒等酒精饮料的进口设置了一个"玻璃顶"，一个看得见的限制。日本人热衷于茶，最初是学中国，继而上升为一门艺术。卫材和尚将茶文化引入了日本。自12世纪始，绿茶几乎就成了日本的同义词。茶催生了诗歌、书法、陶艺的发展，也促成了整套典礼和围绕典礼的准备及观赏仪式。

茶道重视对自然和季节的感知觉悟，沉浸在精神反省和冥想的升华中。茶室一般建于自然美景和艺术氛围之中，譬如有景观花园、漂亮书法以及花道的插花。茶道盛行时，茶超越了自身含义，品茶也超越了简单的饮料消费；它完全变成了一种审美，一种生存方式和领悟生命的方式。茶道本身就是仪式，平和敬意是其标志。自12世纪始，京都就开始种植绿茶，绿茶逐渐成为餐饮文化的一部分，从而保证了它的持续发展。日本人制作谷物类酒精饮料有1500年以上的历史。清酒酿造的起始时间可以追溯到12世纪，闻名遐迩的清酒酿造区也至少有500年历史。在正式典礼上，酒担当着重要角色，出现在出生、离世和结婚几乎每一个重要仪式上。制作上品的清酒需要多种因素的配合，包括要有技术娴熟的酿酒师，他要能正确地挑选质量上乘的稻米、符合要求的纯净水和适用的制曲（发酵剂）。清酒的等级划分从+20（非常干）到–15（非常甜），酒精含量在15%与18%之间。最好的酒是混合型的，从花卉的甜蜜芳香到泥土的朴实无华再到坚果的清香，清酒创造了奇妙的多维口感。清酒的用途多元，堪比葡萄酒。清酒饮用的合适温度因不同款型而各异，酒杯的大小和形状也有着令人眼花缭乱的选择，如同在一个收词丰富的词汇表中寻找一个能够恰如其分地描述其风味口感的词汇一样。

另一种日本自酿的酒精饮料是啤酒，深受日本人喜爱。这一领域一直由某些公司垄断，如朝日（Asahi）、麒麟（Kirin）、三得利（Suntory）和札幌（Sapporo）公司。

寿司、生鱼片和葡萄酒搭配一览表

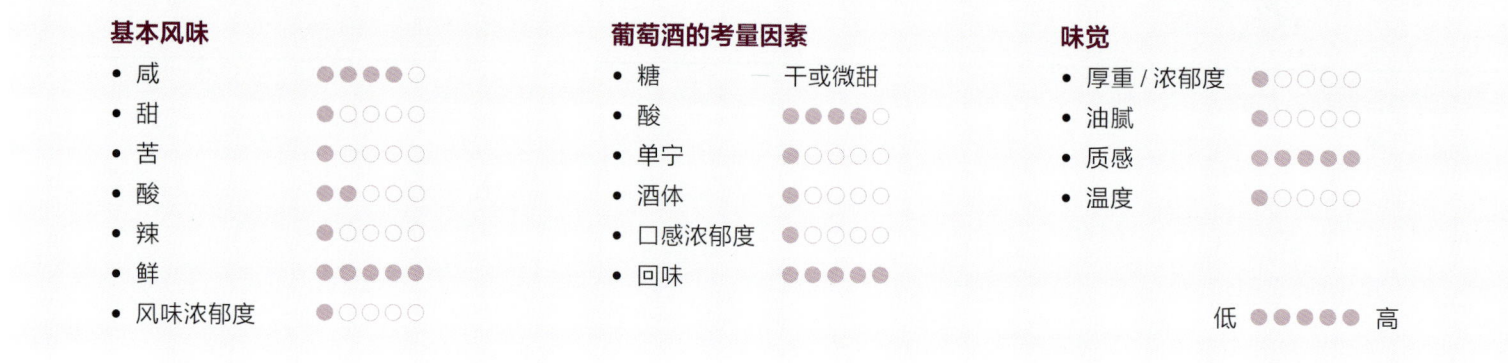

基本风味		葡萄酒的考量因素		味觉	
咸	●●●●○	糖	干或微甜	厚重/浓郁度	●○○○○
甜	●○○○○	酸	●●●●○	油腻	●○○○○
苦	●○○○○	单宁	●○○○○	质感	●●●●○
酸	●●○○○	酒体	●○○○○	温度	●○○○○
辣	●●○○○	口感浓郁度	●●○○○		
鲜	●●●●○	回味	●●●●○		
风味浓郁度	●○○○○				

低 ●●●●● 高

右图：清酒桶

烧酒是日式烈酒，酒精含量在25%至45%之间，是用红薯、大麦、稻米和板栗等多种不同的材料酿造而成。烧酒能产生一种令人愉悦的新生感，有年头的烧酒在冲绳岛叫做泡盛酒，价格上可以与优质葡萄酒竞争。但清酒和啤酒面临着与葡萄酒同样的问题：销售市场裹足不前，不成气候；惟有优质品种才有那么点边际利润。威士忌和干邑位列葡萄酒之前，是商务用餐的首选，但销售市场也同样驻足不前。

葡萄酿制的葡萄酒，不管是作为进口商品还是国内的一种新生代饮料，在日本都有一段相当长的发展历史。第一个商业化酒厂在东京城外的山梨县成立，距今已有一百多年历史。如今日本已有几百个酒厂，但大多规模很小。要酿造优质的葡萄酒面临的最大挑战是，葡萄的成熟期刚好遇上日本的雨季。但现在日本酒厂已经越来越认同葡萄酒了，最近开始努力推广本土品种"甲州"（白葡萄变种）。1990年代中期葡萄酒盛行之时，日本一度被指望成为世界葡萄酒消费大国之一，但人均2升的消费上限及多年不变的环境抑制了其进一步发展。尽管如此，日本的法国红酒依然占据着亚洲葡萄酒进口市场上最显要的位置，在葡萄酒进口的数量和价值两方面，都获取了较大的边际效益。

日本的葡萄酒市场显得较为复杂和世故。对葡萄酒文化的推广在不断进行，已有超过13000名的酒侍。葡萄酒在现代流行文化中也迅速崛起，譬如漫画作品《神之水滴》中，引领了一个新生代葡萄酒消费层。日本的典礼仪式上只用米酒，而饮酒又是社交和商务活动中的重要部分，于是葡萄酒以其优雅华贵的姿态，天衣无缝地融入了日本的饮酒文化。可以说，酒精饮料是社会关系的润滑剂，也是人们逃避墨守成规的一种放松。与其他亚洲国家一样，日本许多商务关系和个人关系都是在饮酒过程中建立的；同饮同醉是商誉和信任的一种表露。

题外话：

日本品酒师协会（JSA）是亚洲最大、世界第二大的侍酒师协会。自1969年起，超过13000人通过了JSA的考试，并光荣地加入了日本侍酒师的行列。考试极富挑战性，包括笔试、现场品酒和服务技能等各项。对于那些无意挑战高难度的人，JSA还为其提供了类似Wine Advisor和Wine Expert的其他认证课程。

葡萄酒与日本料理

从很多方面来看，亚洲菜系中日本料理和葡萄酒的搭配是最为简单的。日本料理的一个重要特点就是注重食物的天然性，这就意味着与之搭配的葡萄酒需具有某些更为明确的风味。此外，日本料理的调味和口感很少浓郁或强劲，这就为葡萄酒提供了足够的展示空间。日本料理精致的风味要求葡萄酒的风格不能过于开放，而食物复杂的质地和口感又需要有相同特征的酒来与之呼应——这种搭配完全是一种不同的挑战。大多数日本料理的重鲜味在加重菜肴风味的同时，也起到了平衡各种细腻口感的作用。

寿司的主要原料是生鱼肉和加醋的米，这两种食材都十分轻盈，但加入芥末或酱油后会带来浓郁的对比风味，以及不同的中段口感（取决于鱼的种类）。所以一款简单轻盈的白葡萄酒，如基础的夏布利酒可以成为佐餐之选，但还无法映衬寿司的风味。这时就需要酒体和浓郁度稍重的酒款，例如陈年的特级夏布利，成熟的Montracht或带饼干风味的年份香槟。成熟的勃艮第红酒与寿司搭配十分讨喜，并且还能与更浓郁肥厚的吞拿鱼或黄尾鱼等鱼类搭配。有创意的主厨们会用海盐代替酱油作为

蘸酱，从而保留鱼的纯净风味；这样一来，未经过橡木桶陈酿、单薄的优质白葡萄酒则是不错的选择，如干型卢瓦河谷白或来自奥地利的绿维特利纳。

怀石料理搭配葡萄酒比较困难，因为它包含了许多风味独特的小碟菜。怀石料理使用了许多优质、昂贵的时令性食材，如果将其平静安宁的用餐气氛也考虑进去，选择葡萄酒时则更应考虑品质和协调性，而非色泽和风格。怀石料理的享用速度比较从容，这就给优质酒在杯中进化提供了充分的机会，也能使人更从容地品鉴美酒。一款酒也许无法与所有的菜都相配，但如果葡萄酒足够成熟，并且在处于巅峰和其品质最高期被享用，则会与整顿饭都十分搭调。但要避免那些果味或单宁过重、酒精度高的酒，它们会破坏菜肴的和谐感。这里的推荐酒款包括1971–1976年间的顶级德国雷司令，1978–1988年间的勃艮第特级葡萄园红。

与正式的菜肴相比，家常的日本菜更丰盛。最常见的调味组合是酱油、味噌或味霖（米酒），再加上一点糖。选择葡萄酒时，要考虑食物的鲜味，酒需要有足够的果味来与食物的鲜味匹配。例如里奥哈的Gran Reserva带有足够的果味，能与炭烤类的酱料、煮日本萝卜或鸡肉菜肴搭配，其成熟风韵与食物的鲜味相得益彰。

天妇罗和其他油炸菜肴需要酸度足够的酒来搭配，这样才能消除油腻感。脆爽，中等至饱满酒体的马孔或普依富塞等白葡萄酒是比较理想的选择。阿尔萨斯雷司令、干型法茨雷司令等酸度和酒体足够强劲的白葡萄酒也是不错的搭

上图：荞麦面

配。勃艮第等轻度酒体、带有醇厚单宁的成熟红酒也很好。饱满酒体的桃红香槟与天妇罗的搭配，堪称出色。

　　荞麦面、乌冬或拉面等日本面条很难搭配葡萄酒，因为大多数亚洲菜系中的面条都被视作便利的快餐之选。汤或其他加入肉汤的菜肴，由于其高温烹调的特征，配酒也比较困难。对于汤类，不一定硬要搭配葡萄酒一起享用，而是可以单独欣赏肉汤的细腻风味。新世界的黑比诺或起泡酒等百搭款的酒是搭配面类食物的理想选择；而重鲜的火锅类菜肴，如切片牛肉等，则可与隆河山丘或成熟的教皇新堡等风味强劲的葡萄酒一起享用。

　　较简单的家常菜肴在搭配葡萄酒时会遇到一些文化上的尴尬——典型的日本餐桌没有足够的空间来放置葡萄酒及其酒具。如果同时点了寿司和拉面，葡萄酒酒杯和高脚杯就几乎没有了容身之地，很容易被碰碎。在拥挤的居酒屋内，烤串和天妇罗同样只有狭小的空间留给葡萄酒酒瓶、酒杯和冰桶。传统意义上的家常日本菜肴通常在极短的时间内吃完，一碗面或一份丼饭从点单、享用到付账的整个过程，不到一个小时；甚至在银座最高档的寿司餐厅吃饭，也只需一个小时。因此，除非是一群人聚餐，否则是没有足够的时间在用餐中品尝完一整瓶葡萄酒的。

　　这种文化上的挑战在几乎所有亚洲城市都不同程度地存在着，它也解释了为何葡萄酒的品享，通常会与正餐分开的原因。正因为如此，东京有着不计其数的酒吧，在那里，人们可以就着小吃享用葡萄酒。从卡拉OK吧到露天啤酒吧等大多数场所都供应葡萄酒，葡萄酒常与花生、水果、奶酪、咸鱼干等各类小食搭配享用。

怀石料理（多道菜）和葡萄酒搭配一览表

基本风味		葡萄酒的考量因素		味觉	
• 咸	●●●●○	• 糖	干或微甜	• 厚重／浓郁度	●○○○○
• 甜	●●●○○	• 酸	●●●●○	• 油腻	●○○○○
• 苦	●○○○○	• 单宁	●○○○○	• 质感	●●●●●
• 酸	●○○○○	• 酒体	●○○○○	• 温度	●○○○○
• 辣	●○○○○	• 口感浓郁度	●●○○○		
• 鲜	●●●●●	• 回味	●●●●○		
• 风味浓郁度	●●○○○			低 ●●●●● 高	

生鱼肉，寿司和生鱼片

特点

- 质感细腻，风味天然。
- 酱油是最常见的佐料，加入芥末后会添加香气。
- 精致和细腻质感居多，主要的区别在于质感的浓郁度不同。
- 来自酱油和包裹寿司的紫菜片的重鲜味。
- 口味收敛，只有咸味突出，品质主要体现在质感而非口味上。
- 鲜姜汁是最常见的漱口酱料。

葡萄酒搭配窍门

考量因素

- 以高品质的新鲜鱼肉为主料的菜肴，需要同样高品质的酒来搭配。
- 质感精致、风味复杂细腻的葡萄酒是理想之选。

选择

- 轻度至中等酒体的高品质白葡萄酒，或细腻、成熟的红酒。
- 陈年、中段口感的细腻的年份香槟。
- 轻度酒体、中性风格的葡萄酒也是不错的选择。

建议

- 映衬菜肴风味：白中白年份香槟，成熟的夏布利特级葡萄园，奥地利 Smaragd 级雷司令，成熟的特级或一级葡萄园勃艮第白，成熟的优质勃艮第红。
- 佐餐：北意大利白葡萄酒，西班牙下海湾酒，优质村庄级博若莱，传统法酿制的起泡酒。

禁忌

- 果味过重、高酒精度的白葡萄酒或红酒。它们对精致的菜肴来说风味过于浓烈。
- 过于年轻或简单的葡萄酒。这些酒缺少细致度，缺乏搭配高品质细腻原料所需要的中段口感。

典型菜肴

海胆等质感丝滑的海鲜（上图）

鲷鱼、海鲤等生白鱼

三文鱼

拖罗（肥腻的金枪鱼）等生鱼腩

寿司拼盘（下图）

寿司卷

怀石料理

特点

- 质感各异，从生鱼片、简单清淡的清蒸海鲜到油炸品、汤，样样皆有。
- 风味浓郁度五花八门。
- 调味料简单，如酱油或腌制品等。
- 关注上菜顺序、摆盘艺术等细节的精致。
- 重鲜味。

葡萄酒搭配窍门

考量因素

- 考虑到菜肴的不同风味和质感，葡萄酒需要具有一定的灵活性。
- 葡萄酒必须具有与食物同样的细腻和精致度。

选择

- 果味收敛，酸度紧实，轻度至中等酒体，细腻、优质的葡萄酒。
- 质感中等，带有轻微橡木桶气息，酸度沁爽的白葡萄酒。
- 成熟的香槟。

建议

- **映衬菜肴风味**：顶级白葡萄酒或勃艮第红，年份香槟，成熟的顶级新世界黑比诺，轻微橡木桶陈酿的凉爽产区霞多丽，阿尔萨斯灰比诺或雷司令，成熟的波尔多白葡萄酒。
- **佐餐**：新世界雷司令，现代里奥哈白，阿尔萨斯白比诺，南法桃红酒，新世界传统法酿制的起泡酒。

禁忌

- 果味浓郁突出的葡萄酒。会破坏菜肴的精致风味。
- 高单宁，橡木气息厚重的葡萄酒。会盖住许多菜肴的风味。

典型菜肴

烧烤菜肴（上图）

煮菜

清汤

寿司或生鱼片（下图）

汤和米饭

火锅

煮菜

特点

- 口感新鲜、浓郁。
- 酱料以酱油为主，另有味霖和糖。
- 中等烹调温度，不会太烫。

葡萄酒搭配窍门

考量因素

- 成熟的葡萄酒与煮菜中的鲜味相得益彰。
- 层次丰富的优质葡萄酒能平衡柔滑的口感及绵长的鲜味。

选择

- 轻度至中等酒体高品质红酒，最好经过陈年。
- 成熟的白葡萄酒。

建议

- **映衬菜肴风味：** 20年或以上的波尔多红，超过20年的巴罗洛，新世界赤霞珠或超过15年、西拉为主的葡萄酒。
- **佐餐：** 来自勃艮第、德国或凉爽产区和新世界的黑比诺，香槟，高品质桃红酒。

禁忌

- 果味浓郁突出的葡萄酒。会破坏菜肴的精致风味。
- 高单宁，橡木气息厚重的葡萄酒。会盖住许多菜肴的风味。

典型菜肴

豆腐煮蔬菜

煮蔬菜什锦

煮鸡

煮鱼

油炸菜肴

特点

- 中等质感，不厚重。
- 精致的调味和风味，重质地而非辛辣口感。
- 多调味料，通常以酱油为主要蘸料。
- 中油或重油。
- 鲜味中等偏重。
- 高温烹调。

葡萄酒搭配窍门

考量因素

- 酸度紧实的葡萄酒会减弱油腻感。
- 菜肴风味细腻而不浓烈，因此葡萄酒应该带有精致的果味。
- 酱油蘸酱和大豆为主的调味料意味着红酒与白葡萄酒都适合搭配。

选择

- 轻度酒体、单宁适中、酸度脆爽的红酒。
- 带有脆爽酸度的中等至饱满酒体的白葡萄酒，轻微橡木气息的葡萄酒。

建议

- **映衬菜肴风味**：村庄级和一级酒园勃艮第酒，新世界黑比诺，年轻的波尔多白，年轻的维欧尼，来自凉爽产区的新世界霞多丽或长相思赛美蓉混调酒，饱满酒体的香槟。
- **佐餐**：优质村庄级博若莱，北意大利白葡萄酒，新世界起泡酒，脆爽的桃红酒。

禁忌

- 高单宁酒。会与菜肴的重咸和精致质感起冲突。
- 高酒精、果味突出的葡萄酒。会盖过菜肴的风味。

典型菜肴

日式炒面
炸虾和炸蔬菜
御好烧
炒饭

日式井饭

特点

- 以酱油为主要调味料，重咸。
- 原料丰富多样，从海鲜到红肉样样皆有。
- 米饭冲淡了菜肴的鲜味，带有轻微的甜味。
- 鲜味中等偏高。
- 中油，不浓郁厚重。

葡萄酒搭配窍门

考量因素

- 带有细腻、浓郁的果味，中等酒体的葡萄酒能与大豆为主的调味料搭配。
- 略带甜味的重咸菜肴意味着单宁适中或偏少的红葡萄酒是更为理想的选择。
- 带足够酸度的葡萄酒能与菜肴中的油腻相平衡。

选择

- 中等酒体的红酒，陈酒尤佳。能与菜肴的重鲜味搭配。
- 带有浓郁果味，中等至饱满酒体的白葡萄酒。能与菜肴的风味匹配。

建议

- **映衬菜肴风味**：带有清新果味的勃艮第白或红葡萄酒，新世界黑比诺，中等酒体的以歌海娜为主的红酒，波尔多等级庄酒，新世界凉爽产区的霞多丽，饱满酒体的香槟。
- **佐餐**：优质村庄级博若莱，单宁适中或偏少的北意大利白葡萄酒，简单的中等酒体梅鹿辄，干桃红酒，来自特伦蒂诺（Trentino）和上阿迪杰（Alto Adige）的成熟白葡萄酒。

禁忌

- 精致细腻的葡萄酒。会被风味浓郁的菜肴盖住。
- 优质葡萄酒。与简单的井饭相配有些大材小用。

烧烤和炭烤类

特点

- 风味浓郁，偏咸（酱油为主），带有轻微的甜味。
- 原料丰富多样，从蔬菜到动物内脏样样都有。
- 酱油调料带来的重鲜味。
- 根据原料的不同，脂肪含量由低至高。

葡萄酒搭配窍门

考量因素

- 烤鸡肉串等菜式的浓郁风味需要中等至饱满酒体的红酒来搭配。
- 葡萄酒需带有突出的果味和紧实的酸度。

选择

- 带有突出果味、中等至饱满酒体的红酒，酸度紧实，单宁适中。
- 白葡萄酒与烤蔬菜和海鲜相配较为适宜。

建议

- **映衬菜肴风味**：成熟罗蒂丘或赫米塔希，成熟的新世界凉爽产区西拉，现代芭芭罗斯科，南隆河谷白葡萄酒，成熟的波尔多酒，里奥哈 Gran Reserva，饱满酒体霞多丽。
- **佐餐**：现代奇昂第，瓦尔波利塞拉，南意大利红酒，如阿里亚尼考或普里米蒂沃，南法以歌海娜为主的混调酒，干型桃红酒。

禁忌

- 轻度酒体或中性的葡萄酒。会被浓郁的菜肴所盖住。
- 高单宁的酒。会和咸酱汁起冲突。

典型菜肴

烤鸡皮、烤鸡心和烤鸡肾

烤菌菇串

烤鱼

烤葱

牛肉饭

典型菜肴

海鲜火锅

牛肉蔬菜火锅配生鸡蛋

味噌汤面

博多牛肠火锅

火锅和汤面

特点

- 原料、风味、浓郁度和质感丰富多样。
- 清淡的食材有时会额外加入肉片。
- 肉汤的风味各异，从清淡、精致到浓郁的寿喜烧皆有。
- 蘸酱汁多样，从生鸡蛋到各式醋和酱油汁皆有。
- 重鲜味。
- 高温烹调。

葡萄酒搭配窍门

考量因素

- 考虑到菜肴风味和原料的种类众多，葡萄酒需要具备高灵活性。
- 考虑到蘸酱和肉汤的浓郁风味，酸度紧实的果味型葡萄酒是理想的选择。
- 由于火锅的温度较高，与之相配的葡萄酒最好冰镇后饮用。

选择

- 果味浓郁、酸度紧实，酒体中等至饱满的百搭型红酒或白葡萄酒。
- 酒体饱满、芳香馥郁的白葡萄酒十分理想，因为酒体与菜肴匹配，而酒的香气又能与菜肴中的香菜和洋葱等草本成分相得益彰。
- 百搭款的桃红和起泡酒也是不错的选择。

建议

- **映衬菜肴风味**：南隆河谷红酒，如隆河山丘村庄级以及教皇新堡，新世界、凉爽产区的西拉或梅鹿辄，中奥塔哥黑比诺，加州白芙美，阿尔萨斯饱满酒体的白葡萄酒，年轻的孔德里约，香槟。
- **佐餐**：法国地区餐酒级西拉或梅鹿辄，新世界、果味浓郁的黑比诺，普罗旺斯的桃红酒，普洛赛克、Sekt或Cremant等起泡酒，成熟的长相思。

禁忌

- 高单宁或橡木气息过分厚重的酒。食物的高温、辛辣，以及咸味的蘸酱会加重单宁和橡木气息。

Jeannie的五大精选酒款
（搭配日本料理）

1 **特级葡萄园勃艮第红**

- Musigny Grand Cru，Domaine Comte de Vogüé，法国勃艮第
- Clos de la Roche Grand Cru，Domaine Dujac，法国勃艮第
- Le Chambertin，Domaine Bernard Dugat-Py，法国勃艮第

2 **特级葡萄园勃艮第白**

- Chablis Grand Cru Les Clos，Domaine Raveneau，法国勃艮第
- Chevalier-Montrachet Grand Cru，Pierre-Yves Colin-Morey，法国勃艮第
- Chevalier-Montrachet Grand Cru，Domaine Michel Niellon，法国勃艮第

3 **卢瓦河谷白**

- Vouvray Sec，La Haut-Lieu，Domaine Huet，法国卢瓦河谷
- La Coulée de Serrant，Nicholas Joly，法国卢瓦河谷
- Saumur Brézé，Clos Rougeard，法国卢瓦河谷

4 **新世界白**

- Prestige White，Vergelegen，南非斯泰伦布什（Stellenbosch）
- Sauvignon Blanc Wairau Reserve，Saint Clair，新西兰马尔堡
- Chardonnay Hudson Vineyard，Ramey，Russian River Valley，美国加州

5 **年份香槟**

- 1996 Blanc de Blancs，Salon，法国香槟区
- 1998 Blanc de Blancs Comtes de Champagne，Taittinger，法国香槟区
- 1990 Cristal，Louis Roederer，法国香槟区

既来之，则安之。

——孔子

SEOUL
首 尔
第七章

第七章 首　尔

快　照

人　口： 1065万。

美　食： 韩国美食。

招牌菜： 腌制的烧烤牛肉（排骨，烤肉），拌饭，参鸡汤，泡菜。

葡萄酒文化： 随着酒吧、商店和大学的增多，葡萄酒文化迅速发展。

葡萄酒关税： 与没有自由贸易协定的国家关税约为30%，另加50%其他税。

文化背景

首尔，从表面上看是一个风光无限的都市，可这种说法似乎又欠妥：朝上望去，城市上空仅有为数不多的几幢楼宇。但这种含蓄内敛只是它的一个表象，实际上，这座城市在1988年主办的奥运会已为它展现出无限生机与活力。

高丽王国曾有着不堪回首的历史，它曾经是强权国家之间的一个走卒，被压抑，被挤兑，被占领，并且总是成为矛盾冲突的战场。朝鲜半岛上的最早定居者可以追溯到3万多年前，而有记载的历史则可追溯到四千年前的檀君时代。朝鲜半岛地处战略要地，对其北方的中国、俄国以及东部的日本都极具吸引力。停战状态时，这个半岛便成为中国和日本之间的贸易桥梁。

纵观其历史，高丽王国在与中国军队接触时，曾不得不在合作与对抗之间频繁变换角色，以求自保。高丽王国在公元7世纪新罗王朝时期得到统一，13世纪时，它又成了中国的一个附属领地。14世纪末朝鲜王朝时，汉城成为了国家的都城。

虽然这个国家在500多年的历史中充满了各种各样的尖锐矛盾和冲突纷争，但其古典文学、传统文字和牢固的儒家思想，以及各类文化、艺术、思想却也诞生于这段时期。自公元2世纪的汉代开始，儒学一直是这个国家意识形态的核心。即使到现在，儒学还深深地体现在社会和商业关系中，体现在对教育的重视、对祖先礼仪的秉承中。

110页：秋叶包围中的历史上有名的首尔景福宫

上图：传统的击鼓舞者　右图：明洞美食市场

　　1910年，朝鲜王国被日本吞并。这段时期是朝鲜人蒙羞忍辱的时期，持续了近50年。所有的学校只能教授日语，所有的朝鲜人都要改取日文名字。日本人越是努力地企图将朝鲜人"东洋化"，朝鲜人就越依恋其本族的文化。在此期间，朝鲜语中"汉"的现代定义形成了："汉"是一种情感，一种深藏着悲哀的觉醒，是受侵害时无助的悲叹……它至今仍隐藏在朝鲜人的灵魂深处。

　　1945年日本投降后，朝鲜再次成为列强们的争夺焦点，成为俄、美两个超级大国的烽火战地。其国家内部也发生了权力斗争，而且发生在国际层面：1953年朝鲜战争结束后，以"三八线"为界，人为地将这个小国一分为二。

　　当北部朝鲜宣行其共产主义主张，以自力更生构建其主体思想体系时，南部的大韩民国则取向资本主义，并致力于经济发展。1953年的朝鲜战争，其后果就是政治内讧阻碍了经济发展。但是从1960年代初开始，大韩民国在总统朴正熙的独裁统治下，开始进行国家复苏的基础设施建设。其独裁政权既有积极作用又有消极影响：政治上，韩国是一个组织结构严谨的国家，不允许持异议；但在经济上，为了发展，它可以摒弃专制。政府支持和鼓励创业，与工业领导层建立起牢固的合作伙伴关系，对外开放国际贸易和投资经济。

　　在卢泰愚总统任期内，为暴力示威以及公众强烈要求民主的呼声所唤醒，韩国迈出了勇敢的一步，采取了公开选举。1987年，卢泰愚成为韩国历史上第一位民主选举产生的总统，之后的金泳三在1992年成为了第一位平民总统。

　　韩国的政治和经济改革历时很短，但成绩斐然。韩国财团Jaebols决策英明，善于把握时机，取得了前所未有的成功。同时，韩国人刚毅、坚韧的民族精神是他们取得成功的又一个关键因素。民族精神再加上儒学思想，奠定了韩国当代社会的文化结构。

　　今天的首尔是韩国蓬勃发展的心脏，韩国五分之一的人口把这里视作家乡。虽然首尔的位置靠近三八线敏感区域（这也是政治现实使然），但大多数市民已经把这看成生活现状的一部分了。生活质量代代提高，如今人们更乐意享受当下的生活。

美食和餐饮文化

韩国的饮食能够精准地反映出韩国人的性格。在社会结构各阶层中,韩国人激情四溢,大胆、善辩而强势。他们的美食风格也与之相匹配:辣、有后劲、绵长、大胆,容易让人上瘾。如果对一些经常外出旅行的韩国人作调查,你会注意到一个有趣的现象:一旦食用西餐超过一周,他们就会悄悄地食用小管的辣椒酱,或是泡菜方便面,以及Risotto(一种用洋葱、鸡肉等煨成的米饭)。一个在韩国环境下长大的人,都会有一个韩国式的胃,他们需要定期地补充韩国食品。

是什么使韩国美食有这么多的差异?拿最典型的用餐来说,菜肴的多样化和风味的多变性是其本因。一个有节制的中产家庭享用的普通餐食,一般不少于5个小菜,再加上白米饭。各种蔬菜、调料做成不同形式的新鲜菜或腌菜,便是小菜,再加上各种汤、炖品以及海鲜等。韩国主食中肉类的平均份量很少。调味料则从简单的生抽、葱和芝麻(蒸豆腐会用),到刺鼻的咸海鲜干、火红的辣泡菜等,应有尽有。

韩国美食差异繁多的另一个原因,是大量的腌制和发酵品带来的大胆风味。苦味的蔬菜和药草可以产生这类风味,加工成酱或新鲜切片的大蒜、干红辣椒,也尽可以大显身手,创造这类大胆的风味。黄豆酱的口味非常浓烈,可作汤、酱料和蘸料的底味料,其风格千变万化,每个地区都有着自己独门的黄豆酱。总体而言,韩国黄豆酱的口感要比日本更强烈、更大胆。

韩国美食天性多样化还有一个原因,即它在对人们健康起保养作用的同时,还要迎合人们的口味。与中国的饮食文化相通的是,韩国人也喜欢把美食视为身体必需的一种补给,是为了维持体内平衡。美食长期以来一直被看作是改善人们身体健康的一种途径,而不仅仅是为了解决口腹之需。作为饮食的一部分,人们常常根据季节和身体情况,选择不同的滋补汤品或炖品。比方说海草汤,每年适宜的食用时间长达一个月,它对妇女产后的恢复调养尤其有益。在这方面,口味与胃口秉承着一个道理:不要太满过强,适度为宜。

韩国只有20%的平原,其他都是峡谷、丘陵和山脉。天气晴朗时,从半岛任何地方都能看见山峰。山上和丘陵地带,可以采摘到大量的野生药草和蔬菜,经简单腌制后就可食用。蘑菇、根蔬和豆腐也是韩国料理中经常见到的一些食材。海岸边,鱿鱼、虾、蛤和鱼等海产品异常丰富,人们按自己习惯的方式享用,或生吃,或腌制、风干,或烤,也常制成炖品和辣汤。

上图: 滚烫的石锅饭

韩国主食中，短粒状白米饭是其主体，其他大多由蔬菜组成。其中最受追捧的是拌饭，一种装了6到8种不同蔬菜的多彩饭，蔬菜是分别腌制后再被整齐摆放在白米饭上的，再加上煎蛋和辣椒酱。流行蔬菜生吃法：新鲜生菜和芝麻叶（就像中国的大白菜），包裹米饭或肉，再加点豆瓣酱提味，卷成一束，一口一个。

热播的电视剧《大长今》，讲述的是朝鲜王朝宫廷内勾心斗角的故事，却意外地使宫廷菜一下子成为时尚。餐馆里，除了特别配制的火锅和"九段绉卷"这些当年的宫廷料理比较昂贵外，大多数韩国料理都较为便宜。韩国人青睐精心准备的既美味又简单的食物，比如用海草做的饭卷或辣味饭卷。

韩国的餐饮文化汲取了邻国诸多元素：比如用餐时大家一起共享；以米饭为主；聚餐是建立社交和商业关系的方式等等。传统上，长者和男人往往优先得到服侍，并享用食物最好的部分；女人和孩子们在男人们用餐后才可以用餐。尽管这些老套的形式如今已过时了，但这些封建残余在现代社会生活中仍然挥之不去，夫妇同席的社交活动，远少于男女分开的聚会。

韩国与它的几个邻国相比，日常饮食上有很大不同，不仅是菜肴品种及数量，配菜也很大方，每餐至少配一种泡菜，就像法国西餐中必有一片面包一样。多数韩国餐馆里，这些泡菜免费供应，餐中还会及时补充。有时，一例特别的汤、火锅或面条就是用餐的全部内容，但更多时候，一顿典型的韩国料理必定有米饭和诸多小菜。韩国饮食与众不同的另一方面，是他们使用的碗、筷子和扁平汤匙，全都是用金属制作的标准餐具。

韩国人热爱美食，他们有着极敏感的味觉，对钟爱的小菜，哪怕是极微妙的变化，也能察觉。所以，许多当地餐馆和休闲餐厅只专营一个特色品种的小菜，那里的菜单上只有很少几个菜。比如说，奖忠洞整条街都是以专营猪蹄而闻名的餐馆群。当地餐厅只有少数几个有英语或其他语种的菜单，这让初来乍到者很不方便，因此获得一份当地的饮食指南对你能否尽情享受美味佳肴至关重要。

价廉物美、品种丰富的美食，使外出就餐成为韩国一个普遍性的娱乐活动，而且每个邻里都有其心仪的特色餐馆群。除了明洞处在繁华购物区外，周边的仁寺洞和三清洞，古典而时尚，也是不错的选择；再别致一点的餐馆，当数韩国第一、第二的江南和狎鸥亭洞，它们坐落在汉江南岸边。

在首尔，除本国餐馆外，中式和日式的餐馆也很受欢迎。但是，别指望在这些餐馆里能吃到传统口味的美食，因为里面的小菜早已"韩国化"，迎合了当地人的口味。中式餐馆通常供应泡菜，日式餐馆里的生鱼片用的是酸辣酱，而不是酱油或青芥末。直到1990年代，西餐厅仍相当少，但最近十年西餐厅的数量急剧增加，质量也有很大提高。顶级的法国和意大利餐馆遍布全市，只是其价甚高，令人望而却步。

料　理

韩国美食的地区性差异，缘于朝鲜半岛在朝鲜王朝时期被划分成了8个省区。几百年后，这些独立的行政区都有自成一家的料理风格，并按所处的地理位置和地形特点不同而迥异。北部省区就是现在的北朝鲜，饮食口味没有南部大韩民国的那样辣和咸。半岛北部有着更多的山脉，鱼肉比较少，因此常见的食物是鱼干、野生蔬菜和药草。半岛的南部，气候稍温和，山脉也较少，有新鲜丰富的海鲜，饮食口味比北部更辣些。

汉城（现称首尔）是朝鲜王朝时期的都城，位于京畿道的中央省。在那个时期，全国最好的食材，都被运到这里供应皇室和皇宫。如今，首尔市民得益于现代交通工具的高效和便捷，能够品尝到全国各地当季的新鲜美食。作为南韩最大、最重要的城市，所有地区间不同品种和不同款型的料理，从平安北道佳肴到南部全罗道和庆尚料理，均可在首尔悉数品尝。

什么才是韩国美食？除去地区性多变的特点外，就是主导美食风味的关键食材了，还有适合于蔬菜、海鲜、肉类等任何食材的多种腌制技术。基本的调味料是海盐、酱油、黄豆酱、辣椒酱和米醋。普通风味的混合中包括大蒜、姜和酱油。由于黄豆和辣椒酱的日常使用已相当广泛和频繁，韩国传统家庭常常自己做一大批，放置在土罐里，储藏在自家后院。

芝麻和芝麻油通常视需要添加在菜肴中增香，比如焯过的菠菜在腌制时要加一些。其他能影响口味的配料有葱、大蒜、胡椒、辣椒片和菊花叶等，极少使用糖。一般来说，韩国菜肴中很少有甜味的，它的用途仅限于对不和谐的酸、辣、咸味起到中和作用。

虽然主导风味的基本食材并不多，也较简单，但产生的变化却是巨大的。比如，有超过20种商用型的黄酱：有些口感柔和细腻，有些则强烈、辛辣。事实上，一旦家庭自制发酵酱，其口感的变化就更加广泛了。韩国黄豆酱的制作要经过长时间的发酵，因此，除了大胆热烈的口感外，细腻绵长的鲜味就是其最大的内在特点了。酱油和辣

上图: 泡菜

椒酱可供选择的品种,还要多得多。

腌制品的取材之广,是韩国美食风味众多的另一个原因。当然,泡菜是腌菜类的经典:首先要用盐渍,用辣椒片、大蒜和姜调味,还可以加入腌制的海鲜,然后置于阴凉的气温下慢慢发酵。用同样的发酵方式制作的其他蔬菜都叫泡菜,有小萝卜、白萝卜、黄瓜、各种药草和绿色蔬菜等。蔬菜也可以先风干,盐渍,再加入酱油、烈酒和黄豆酱腌制。

海鲜经盐渍很长一段时间后,可以作为其他腌制品或调味品的部分食材,或者是直接为米饭佐餐。最受欢迎的是用盐、辣卤腌制的鱿鱼、牡蛎、小虾、蛤,还有鱼肠等。这些腌制品给食物增添了辛咸口味。其他常用的腌制方法还有风干和用盐浸渍,经常是将鱼制成干咸鱼,这样可以长久保存,待用时取出,可做烤鱼、炖品或汤品。其他的海鲜比如鱿鱼和蛤也可以制成干货小食。

韩国餐中,汤是非常重要的一道菜。韩国料理中有品种丰富的汤品,有用浓稠的黄豆酱制作的炖品和辣海鲜汤,有用清淡些的肉汁调味的干鳀鱼。在韩国,几乎任何的健康问题都有相对应的煲汤可以为之做辅助治疗。参鸡汤是公认的有益于健康的汤品,最好在夏季食用,以补充因天气炎热而耗损的体内矿物质。有药用功效的汤品更强调预防作用,这与治疗一种当下小疾的方法并无二致。

韩国菜单中的甜点很少,只在餐尾经常供应切成片状的水果。有时还会有一种甜米饭或姜味饮品,搭配一些小片的糯米糕,或传统的韩国饼来食用。节日宴会等一些特殊场合,韩国人会准备多种糯米糕,饰以红色、黄色的甜味豆或者黑色的芝麻酱,色彩斑斓,可人也可口。

题外话:

据统计,韩国每年人均泡菜消费量达30至80磅(14至36公斤)。由传统的白菜和其他蔬菜腌制而成的泡菜可达几百种。如果韩国官方发布的健康数据是准确的话,那么泡菜就更加神奇了:既营养丰富,能增强人体免疫力,预防消化道癌症,又能降低血液中的胆固醇含量,延缓人体衰老过程,在保持胃口的同时减肥……

饮料和葡萄酒文化

在韩国，水是饮料中消费量最大的，其次是茶。茶文化在韩国社会精英层中流传了2000多年，有史可考的茶道可追溯到公元661年。那时，唯有皇室、贵族、高官、僧人、文人和学者们才是品茶之人。但是，在朝鲜王朝期间，茶成为了韩国大众消费品。

现在，韩国人一年四季都饮茶，喝各种热饮；韩国稀有的茶叶更是大受欢迎。博里茶是一种传统烤制的大麦茶，它不含咖啡因，现今在当地餐馆里常常作为标准饮品替代普通饮用水。另一种常见的是加了蜂蜜的人参茶，其他有姜茶和用当地莓果调制的奥米加茶。进口茶，比如中国的红茶或乌龙茶不太常见，日本的绿茶芳香浓郁，通常在日式餐馆里供应。

茶，因其有益健康的功效而闻名于世。同样道理，当地的健康饮品也盛行起来。药房和超市货架上陈列着令人眼花缭乱的各种饮料，有草本、维生素、能量和普通健康饮料。新潮点的饮料有红参、芦荟、宝佳适和维他500无咖啡因饮料。

酒精饮料与其他饮料不同，它与健康效用没多大关系，但在韩国传统文化的诸多仪式和典礼上，它却扮演着重要的角色。酒精饮料的酿造始于2000多年前。传统的酒精饮料大多由米或谷物酿造，并按酒的纯度、酒精含量、蒸馏、发酵工艺及关键原料来分类。最受青睐的蒸馏烈酒是烧酒，酒精含量约为20%，因其亲民的价格而受到广泛的喜爱。米酒，一种乳白色利口酒，因酒精含量较低和价格实惠而一度成为农民和工人的饮酒首选。而现在，经改良后的新一代米酒，富含可口的烤米风味，带有气泡，在年轻的新生代中成了时尚。

酒精饮料继续在韩国人（尤其是首尔人）的社交及商务活动中充当重要的角色。生意常常是在觥筹交错中达成的，因为这些被看成是拉近彼此关系的捷径。韩国人饮酒

韩国食物和葡萄酒搭配一览表

基本风味

- 咸 ●●●●●
- 甜 ●○○○○
- 苦 ●●●●◐
- 酸 ●●●○○
- 辣 ●●●○○
- 鲜 ●●●●○
- 风味浓郁度 ●●●●◐

葡萄酒的考量因素

- 糖　干或微甜
- 酸 ●●●○○
- 单宁 ●●●○○
- 酒体 ●●●○○
- 口感浓郁度 ●●●●○
- 回味 ●●●○○

味觉

- 厚重／浓郁度 ●●●○○
- 油腻 ●○○○○
- 质感 ●●●●○
- 温度 ●●●○○

低 ●●●●● 高

右图：烧酒

的能力和频率，令人甘拜下风。韩国人属于世界上每加仑饮料酒精含量最高的消费者，并且随着收入的增加，干邑、威士忌和葡萄酒这些高档酒精饮料的销量也在持续增长。

外国的酒精饮料通常被征收较高的关税，并受到数量上的限制，因此成了一种富人专享的酒饮。即使啤酒也曾经历过这样的尴尬。很快，这样的遭遇又降临到了威士忌、干邑身上，而现在则轮到葡萄酒了。葡萄酒的广泛流行是近几年出现的现象，但事实上，1970年代开始，韩国已有了葡萄酒市场，比如海泰集团1974年发售的"贵族葡萄酒"，之后是斗山（Doosan）集团1977年发售的Majuang葡萄酒（该款葡萄酒在1988年汉城奥运会之前一直把持着葡萄酒市场）。伴随着葡萄酒进口限制的消除，进口葡萄酒占了当下葡萄酒消费的绝大多数。

首尔的葡萄酒消费市场在过去十年里发生了戏剧性的变化。在这个人口密集的城市里总是有着太多太多的酒坊酒廊，它们供应着当地的酒品，比如烧酒、啤酒、韩国清酒、米酒、Donggonju等。这当中，有超过500种葡萄酒的高端时尚酒吧（比如Casa Del Vino），还有面向众多葡萄酒爱好者的亲民酒吧（比如Veraison），葡萄酒吧在数量上呈快速增长趋势。在首尔，多数高档餐厅现在都提供系列葡萄酒供选择，独立的西餐厅数量在增加（过去大多数设在宾馆里），已经推动了葡萄酒消费的增长。所有大卖场、超市和百货商店都有着一系列的葡萄酒，促进了许多小型零售商走向风格化、专业化。由于葡萄酒是一种与健康的生活方式紧密相关的饮料，毋庸置疑，它在酒精饮料市场上的地位，已经从微不足道，戏剧化地上升到举足轻重了。

对于想热切了解葡萄酒文化的爱好者们，可选择葡萄酒网站和专业杂志等多种渠道进行学习，比如《葡萄酒评论》（Wine Review）和《Winies》等杂志。葡萄酒教育领域也开始了竞争，比如韩国葡萄酒协会在与新近建立的Wset Korea等教育中心之间的竞争。精通网络技术的消费者中，形成了诸如Cyworld、Naver和Daum等门户网站上的葡萄酒网络社区。葡萄酒的信息多得应接不暇，但希望这能鼓励而非妨碍葡萄酒爱好者们一如既往地欣赏瓶中的那抹风采。

葡萄酒与韩国美食

让葡萄酒为韩国菜系中的重辣佐餐，这完全是个挑战！这类葡萄酒必须具有浓郁的葡萄口味，适度的单宁酸。韩国食物偏重发酵的风味，喜爱发酵带来的味觉快感，最好是以中度的丰满型口感酒佐餐。但总的来说，用丹那（Tannat）或小维尔多（Petit Verdot）等高单宁酸酒佐餐的效果并不理想，因为重辣重咸会夸张了单宁酸，掩盖了水果味。但如果辣味并不太重，那么那些成熟的酒，甚至多年的巴罗洛，也可以很好地为韩国菜肴佐餐。

鉴于韩国料理的口味形形色色又各具特点，变化多端的酸爽口味葡萄酒是最佳选择。辣味需要由新鲜活泼的口感调和，如长相思和凉爽气候地区的果味黑比诺酒。微辣的新西兰黑比诺、隆河谷的桃红葡萄酒、西班牙卢埃达地区的青葡萄酒最受青睐。太甜、太芳香、太浓郁的密斯卡岱和琼瑶浆倒并不主张与经典的韩国料理搭配：韩国料理中甜的口味不太常见，甜味酒会破坏菜肴的原汁原味。芬芳浓郁的酒本来会给菜品增添香气扑鼻的甜水果类口感，如果遇上腌制、发酵类的菜肴，水果香及花香就根本无用武之地。酒起到的是佐餐作用，而不是喧宾夺主，不能影响美食的纯正风味。

在亚洲其他地方，韩国人喜欢的酒精饮料在用餐时是不受限制的。日本烧酒、啤酒、葡萄酒以及其他酒精饮料在人们进餐时只是用于佐餐，就像酒本身也有小吃用于下酒一样。在韩国，按不同口味的菜单，不同类型的饮料也有不同的分类，il-cha（第一类）、yl-cha（第二类）、sam-cha（第三类）……以此类推，一个社交晚餐上起码选用yi-cha第二类的饮料。酒不仅用于佐餐，在酒吧里也颇受欢迎，它们通常是与各类佐餐小吃anju（自从作为酒精饮料的佐餐起就被称作anju）一起消费的。

所以，醇厚、浓郁、奔放的单宁酸酒大受欢迎。韩国菜系中拥有众多的根蔬及药草（如人参等）的多种苦味，所以在喝酒的时候，韩国人都喜欢点非常苦的含单宁酸酒。我最常听到的一个问题并非哪些韩国料理适合搭配葡萄酒，而是何种小吃可以搭配托斯卡纳红酒，波尔多红酒或夏布利。在本章结尾有关于葡萄酒与韩国经典料理的搭配表作参考。下面要向大家讲述的是葡萄酒这位明星，如何与韩国和西方的小吃anju搭配……

题外话：

韩国人喜欢用饮料款待客人，以示友谊和亲密。传统做法是用很小的玻璃杯装满酒精饮料，一饮而尽。客人的礼节是接过玻璃杯，和斟酒人碰杯后各自饮尽。在传统礼节中，通常是年少者、年轻者给年长者、老者斟酒，主人给客人斟酒。当然，在晚间的敬酒过程中，这个程序也可以倒过来。在给年长者斟酒时要用双手，从年长者手中接酒时也要用双手，以示尊重。有时也可以用大玻璃杯盛酒。近年来随着品酒的人越来越多，敬酒礼仪有望超越这种传统意义上的杯底涵义。

右图: 佐菜

葡萄酒与小食

红葡萄酒

内比奥罗（Nebbiolo）

酒风味浓郁的肉类菜肴为最佳搭配

建议搭配小食

- 蒸猪蹄
- 蒸五花肉
- 烤猪排
- 肉类串烧

赤霞珠（Cabernet Sauvignon）

避免太辛辣的食物，最适合搭配肉类为主的小吃

- 烤牛肉干棒
- 坚果拼盘
- 炖牛肋骨
- 牛肉色拉
- 猪肉串或牛肉串
- 菌菇胡椒烤串

西拉（Syrah）/（Shiraz）

与辛辣的肉类菜肴搭配十分理想

- 辛辣的烧烤猪肉
- 培根色拉
- 什肠拼盆
- 煎肉和蔬菜饺
- 酿肠

梅鹿辄（Merlot）

与中等质感、带有些许辛辣气息的菜肴搭配十分理想

- 炸猪排
- 鸡肉串
- 韩国烤肉
- 奶酪拼盘
- 韩式炖鸡汤

桑娇维塞（Sangiovese）

加入肉类、蘑菇或大量蔬菜的中等质感的菜肴与之搭配最佳

- 香煎野菌菇
- 帕玛火腿配甜瓜
- 硬质奶酪
- 韩式泡菜
- 橄榄叶配面包

添普兰尼洛（Tempranillo）

带些许辛辣风味的中等质感的菜肴、少肉类菜肴与之搭配十分理想

- 煎酿甜椒
- 绿豆煎饼
- 煎越南米粉，韩式炒杂菜
- 泡菜与猪肉爆炒

黑比诺（Pinot Noir）

非常百搭，中等辛辣程度、口感不油腻厚重的辛辣食物与之搭配十分理想

- 韩式烤松茸
- 海蜇色拉
- 蒸鱿鱼圈
- 辣炒年糕
- 鱼酱黑轮串
- 天妇罗或其他炸海鲜及蔬菜
- 辣卤生牛肉

白葡萄酒

霞多丽（Chardonnay）

加入海鲜或蔬菜的煎炸和爆炒类菜肴可与之搭配

建议搭配小食

- 香煎腐皮卷
- 海鲜葱油饼
- 香煎西葫芦
- 清蒸鲍鱼
- 芝士棒

长相思（Sauvignon Blanc）

可与众多菜肴搭配的白葡萄酒

- 蒸饺
- 炸蔬菜饼
- 辣橡子凉粉
- 炸章鱼
- 炸生蚝

雷司令（Riesling）

与以蔬菜和海鲜为主的清淡菜肴搭配十分理想

- 鸡蛋菠菜卷
- 炸春卷
- 蒸豆腐或酿豆腐
- 清蒸蛤蜊
- 醋腌肠粉

灰比诺（Pinot Grigio/Gris）

风格简单的白葡萄酒，可搭配从辛辣至柔和风味的众多菜肴

- 加胡椒的香煎凤尾鱼
- 辣味烧烤鱿鱼
- 炸海带
- 加入辣椒酱的鱼肉拼盘
- 盐鱿干和鱼干

煎炸和爆炒菜肴

特点
- 由于加入了豆油类调料，会带有些许咸味。
- 原料多种，尤其是蔬菜类。
- 加入辣椒末和葱的酱油是十分常见的调味料。
- 中油，菜肴不会太肥腻或浓郁。
- 作为附加菜比较常见。

葡萄酒搭配窍门

考量因素
- 辛辣和浓郁的附加菜通常会和煎炸菜肴一起上桌，因此所选的葡萄酒需要带有浓郁的果味，从而与调味料和附加菜的浓郁风味相匹配。
- 菜肴的质感和风味中等，建议搭配带有果味的中等酒体红酒或白葡萄酒。

选择
- 果味浓郁、酸度紧实、单宁适中的中等酒体红酒。
- 中等至饱满酒体的白葡萄酒，需要带有足够的酸度以解油腻，可经过轻度的橡木桶陈年。
- 桃红酒和传统法酿制的起泡酒是清爽口味的选择。

建议
- **映衬菜肴风味：** 新世界黑比诺、陈年的里奥哈陈酿酒、圆熟的克罗兹·赫米塔希或圣约瑟夫，成熟的Mersault和Puligny-montrachet，波尔多等级庄白葡萄酒，香槟。
- **佐餐：** 南隆河谷日常餐酒，年轻、果味浓郁的瓦尔波利塞拉，凉爽产区的霞多丽，脆爽的干型桃红酒。

禁忌
- 精致、平实的葡萄酒。会被菜肴的风味盖住。
- 单宁味重的年轻红酒。会和调味料以及菜肴中的咸味起冲突。

典型菜肴
绿豆煎饼(上图)
海鲜葱油饼
什锦拌粉丝
香煎西葫芦
香煎腐皮卷
青椒塞肉(下图)

辛辣、加入大蒜的菜

特点

- 混合红辣椒、大蒜和酸辣风味，味道十分辛辣。
- 重咸重辣，会加入少量的糖以圆润口感。
- 中等质感，不肥腻厚重。
- 少油或中油。
- 爆炒类菜肴中常会加入芝麻油。
- 上菜的温度为室温或稍高。

葡萄酒搭配窍门

考量因素

- 果味浓郁的酒款能与菜肴的浓郁度相匹配。
- 葡萄酒中清新的酸度和冰镇后的低温能添加清爽的口感。
- 冰镇过的桃红酒和起泡酒能带来清新的口感。

选择

- 轻度至中等酒体、单宁适中的果味型红酒。
- 带有脆爽酸度的花香型干白。
- 干型桃红酒和起泡酒。

建议

- **映衬菜肴风味**：果味型黑比诺，成熟的歌海娜混调酒，单宁适中、果香馥郁的梅鹿辄，未经橡木桶陈酿的霞多丽，传统法酿制的起泡酒，凉爽产区的赛美蓉长相思混调酒。
- **佐餐**：桃红酒、起泡西拉、优质村庄级博若莱，北意大利现代风格的果味型红酒或白葡萄酒。

禁忌

- 酸度和清新度不够的葡萄酒。
- 精致、细腻、出色的葡萄酒。这些酒的微妙风味会被辣椒的味道掩盖。
- 会与咸味冲突的高单宁红酒。

典型菜肴

爆椒猪肉

爆炒猪肉泡菜

泡菜

炒辣章鱼

辣凉面

典型菜肴

烤里脊肉
烤牛肋骨
烤鸡胸
烤辣猪肉

烤肉

特点

- 加入大蒜、糖、芝麻油等风味浓郁的酱油调料。
- 从辛辣的汤到可口的肉类或海鲜汤都有，口味各异。
- 高蛋白质的红肉和牛肋骨最受欢迎。
- 鲜味中等，主要取决于调味汁。常见的调味品有生洋葱和蒜片，酱油和辣椒酱。韩国生菜叶被用来裹肉。
- 中等至高脂肪含量。

葡萄酒搭配窍门

考量因素

- 饱满酒体、果味浓郁的红酒能匹配可口的肉食。
- 白葡萄酒缺少必要的单宁来平衡蛋白质和菜的质感，只有其中的极少数能用来搭配。

选择

- 果味浓郁、酒体饱满、单宁紧实的红酒。
- 成熟的饱满酒体红酒。其单宁更为柔滑，不会与此类菜肴中的咸味产生冲突。
- 来自意大利或法国西南部的中等至饱满酒体的红酒。

建议

- **映衬菜肴风味**：来自隆河谷成熟的罗蒂丘，赫米塔希或教皇新堡，波尔多右岸酒，成熟的托斯卡纳酒（如Brunello di Montalcino）或意大利餐酒，新世界凉爽产区的西拉或赤霞珠混调。
- **佐餐**：成熟的隆河山丘村庄级酒，阿里亚尼考或普里米蒂沃等南意大利红酒，南法歌海娜混调酒，澳大利亚西拉歌海娜慕合怀特混调酒（SGM）。

禁忌

- 轻度酒体或中性葡萄酒。这些酒的风味会被菜的浓郁风味所遮盖。
- 缺少必要单宁的白葡萄酒。

浓郁的焖炖类、煲类菜肴

特点

- 口味浓郁，咸酱味、辛辣的胡椒风味皆有。
- 大蒜是常见的调料。
- 少油、少脂肪。这类菜肴味浓且咸，很少会有厚重感。
- 适合配饭以冲淡浓郁的口感。
- 煲仔类菜肴上桌时通常还冒着热气，整个用餐中都会保持高温。

葡萄酒搭配窍门

考量因素

- 果味浓郁的酒能与该类菜肴的浓郁口感相匹配。
- 葡萄酒的沁爽口感十分重要，因为它能平衡菜肴的高温和浓郁风味。
- 将酒冰镇至较低的温度饮用，效果更好。

选择

- 新世界酒体饱满、果味为主的白葡萄酒。
- 成熟而酒体饱满、单宁适中的新世界红酒。

建议

- **映衬菜肴风味**：新世界成熟的霞多丽或长相思和赛美蓉混调，新世界果味馥郁的黑比诺或梅鹿辄。
- **佐餐**：简单的隆河山丘酒，村庄级博若莱，脆爽的干型桃红，新世界起泡酒。

禁忌

- 收敛、细腻风格的葡萄酒。会被菜肴的浓郁风味所盖住。
- 微甜或甜型的酒。酒中的甜味会破坏菜肴的咸鲜。
- 高单宁红酒。会与菜中的咸味起冲突，并加重辣椒的味道。

典型菜肴

韩式泡菜汤

味噌汤和豆腐汤

炖豆腐煲

典型菜肴

牛肋骨汤，排骨汤

紫菜汤(上图)

辣鳕鱼汤

牛尾汤

辣牛肉汤

人参鸡汤(下图)

辣牛骨汤

作为主食的汤

特点

- 丰富多样的原料，风味、浓郁度和质感俱佳。
- 口味各异：从十分辛辣的汤到可口的肉类或海鲜汤。
- 原料五花八门，如苦参、蔬菜、肉和海鲜等。
- 适合搭配米饭。
- 高温烹调。
- 鲜味浓郁。

葡萄酒搭配窍门

考量因素

- 无论何种葡萄酒，在较低的温度下饮用十分关键。
- 清爽是其要点，因此葡萄酒需要带有高酸度。
- 辛辣的肉汤需要中等果味的葡萄酒来匹配，而口感柔和的肉汤则适合更芳香的酒款。

选择

- 香气馥郁、中等酒体的果味型红酒，或中等至饱满酒体的白葡萄酒。
- 瓶中陈年所带来的醇厚香气与高鲜味的肉汤搭配十分理想。
- 百搭的干型桃红酒和起泡酒。

建议

- **映衬菜肴风味**：成熟的罗蒂丘或赫米塔希，成熟的勃艮第红酒，新世界黑比诺，橡木桶陈酿的新世界霞多丽或长相思。
- **佐餐**：隆河山丘村庄级酒或其他以歌海娜为主的果味型红酒，传统法酿制的起泡酒，干型桃红酒。

禁忌

- 高温和辣味会冲淡精致而圆熟的葡萄酒的风味。

Jeannie的五大精选酒款
（搭配韩国料理）

1

旧世界梅鹿辄
- Château Petit-Village，法国波尔多，波美侯
- Château Troplong Mondot，法国波尔多，圣艾米利永
- Château Trotanoy，法国波尔多，波美侯

2

成熟的托斯卡纳酒
- 1997 Brunello di Montalcino Castelgiocondo，Frescobaldi，意大利托斯卡纳
- 1996 Solengo Vino da Tavola，Argiano，意大利托斯卡纳
- 1995 Vigna del Sorbo Chianti Classico Riserva，Fontodi，意大利托斯卡纳

3

新世界黑比诺
- Pinot Noir，J Rochioli，美国加州俄罗斯河谷（Russian River Valley）
- Pinot Noir Reserve，Curlewis Winery，澳洲维多利亚吉隆省
- Pinot Noir，Mt Difficulty，新西兰中奥塔哥

4

新世界霞多丽
- Chardaonnay，Kistler Vineyards，美国加州索诺马县
- Chardonnay，Petaluma，南澳阿德莱德山
- Chardonnay，Marcassin Vineyard，美国加州纳帕谷

5

新世界长相思赛美蓉 混调
- Semillon Sauvignon Blanc LTC，Pierro，西澳玛格利特河
- Seta，Signorello Vineyards，美国加州纳帕谷
- Sauvignon Blanc Semillon，Voyager Estate，西澳玛格利特河

不要留恋过去，不要梦想将来，集中精力，专注当下。

—— 佛教箴言

BANGKOK
曼 谷
第八章

第八章 曼　谷

快　照

人　口: 910万。

美　食: 泰国中部料理为主。

招牌菜: 炒面，青木瓜沙拉，红咖喱蔬菜，泰国罗勒辣鸡肉，冬阴功。

葡萄酒文化: 受制于葡萄酒的高关税而发展迟缓。

葡萄酒关税: 约380%。

文化背景

泰国，其独一无二的文化特征一览无遗。踯躅于曼谷街头，永远都能看见寺庙或舍利塔，那些穹顶结构的建筑是佛教文化的遗迹。大皇宫那金光闪闪的尖顶，在目力所及范围内，给人留下无比深刻的印象。泰国文化中的诸多方面，包括语言、建筑、宗教甚至饮食习惯，都借鉴了邻国（如柬埔寨、缅甸、印度和中国）元素。泰国那悠长、足以骄傲的独立国历史上，前暹罗王国成功地保持住一个强国的地位，这正是泰国的惊世骇俗之处。

泰国在周围东南亚邻国中，是唯一一个没有被西方列强殖民统治过的国家。在其他各国无奈屈服于葡萄牙、荷兰、法国和英国的强权时，暹罗王国在殖民主义者间斡旋，签订贸易条约，以保持王国的完全

独立。这种强烈的自由心根源于近一千年的历史，当时苏克泰统治者的继任者大城府领导人，致力于"暹罗"（注：1949年改为"泰国"即"自由之路"意）的发展和强盛。

历史上，直到1782年，曼谷才成为暹罗王国的都城，被誉为"伟大的天使之城"。皇宫的建筑、庙宇和住房都是仿照了大城府时期的样式。当时，城里建造了大量的寺庙，到20世纪末，有几百座寺庙随城市扩展遍布全市，这反映出了暹罗王国的宏伟，和泰国人民虔诚的佛教信仰。殖民主义者曾对暹罗王国虎视眈眈，在最终谈判中，英国的影响力最大。20世纪，执政的暹罗君主向西方世界开放，缔结贸易条约，从而保留住了国家自身独一无二的文化传统。

130页: 黎明寺静静地横跨于湄南河上

上图: 泰国佛教僧侣　右图: 流动的市场

1932年，泰国从君主专制和平过渡到了君主立宪制。然而，接下去的几十年间却是冲突频发：国际上爆发了第二次世界大战；1960年代到1970年代，该地区发生了印度支那战争；泰国国内又发生了军事政变。国家一直在平民和军事领导层之间摇摆不定，即便是从当今的政治形势看，军事行动和政治纷争仍在不时相互干扰。

曼谷作为泰国之都，成了矛盾冲突的核心和历史的见证者。在印度支那战争中，美国军事基地广布于泰国，曼谷成了"修养和娱乐"之城，允许卖淫和经营夜总会。然而即使在这种不良环境下，泰国仍继续着它的现代化建设，并紧跟其他亚洲强国的经济发展模式。1980至1990年代，是泰国经济增长的巅峰时期。泰国以出口为主，旅游业强大，即使1997年的亚洲金融危机造成泰铢贬值一半，泰国经济却能快速地恢复。

泰国人更加关心城市及国家的持续发展。约占全国人口75%的泰国人，勤恳刻苦，认真负责，真心实意，富于才智；许多泰国人的祖先其实与中国人颇有渊源。生活在泰国的中国人，主要来自中国南部省份，占总人口的10%以上。与中国的这种紧密关系，有助于泰国从中国巨大的发展中获益。早已形成的佛教传统文化，也将泰国与亚洲其他国家联结起来，比如韩国和日本，它们都有着非常深厚的佛教文化。曼谷，作为泰国最重要的经济和政治城市，如同国家的中心舞台，每天上演着各类重要事件，传递着各种动态信息。

美食和餐饮文化

亚洲的每个国家都在宣扬自己是美食之国，泰国人也将其哲学理念融于日常用语中。食物是如此地重要，以至于泰国人也常常使用约定俗成的食物类比来阐释他们的寓意，如：麦健森（Mai Kin Sen），文字意思为不吃面条，寓意为两人闹别扭；山艾（Sen Yai），文字意思为大面条，特指重要的人物或大人物。

美食和吃是泰国文化的重要组成部分，它们经历了长期的发展而逐渐形成，从中也能看到其他国家的一些影响：受中国饮食影响，他们喜欢面条和快速爆炒的烹饪方式；受印度饮食影响，他们也喜欢很多的辣味；而受柬埔寨和缅甸饮食的影响，他们又喜欢丰富的炖品；受葡萄牙饮食的影响，他们喜欢所有的辣椒以及能增加滋味的调味品。由于对食物的热爱，泰国人在过去的几个世纪里，海纳百川，从中不断撷取精粹，逐渐形成了自己独特的泰式料理。

让时光再次倒流，回到大城府1350年一直到1700年代末的这一时期。当时欧洲人向泰国引进了许多食材，介绍了许多烹饪方法，然而最后都被泰国同化了。干辣椒、土豆和茄子受到欢迎，西式糕点和甜品的制作技术也大受欢迎。缅甸人入侵泰国，稀稀落落的中国人也不断从云南等一些南部省份进入泰国，丰富的咖喱和辣味面条成为当地料理的组成部分。慢慢地，这些外国食物和烹饪方法，逐渐被糅合进泰式料理，使之风格更鲜明。咖喱是最好的事例，它生动地阐述了源于邻国（比如印度和马来西亚）的咖喱，是如何最终炼就成独特的泰式咖喱。印度咖喱是一种干的辣味混合物，泰式咖喱则加入了捣碎的新鲜食材，调成浓稠的酱。在泰式料理的制作中，杵和臼的用途很多，也很重要。

几个世纪以来，泰国人灵活借鉴着他国的饮食文化，但自身的饮食文化基础却丝毫没有改变。共享菜肴及主食米饭，关心食材要新鲜且独具风味，调和各种风味以达到和谐的口感。典型的家庭用餐有汤、咖喱、蔬菜、鱼类、海鲜，有时有肉。佛教徒排斥肉食，所以肉在泰式料理中经常只起小小的点缀作用，从不作为主要食材或用量过多。泰国浑然天成的多种地形适宜大量农耕，所以泰国料理总是能有新鲜的食材。当地种植的香米不仅广泛出口，还是泰国料理的重要组成部分，香米配以新鲜的蔬菜，再加上长长海岸线提供的新鲜海鲜，真是绝配的美食。

泰国料理中，有三个关键环节使其有别于亚洲其他料理：第一，大量使用新鲜的生食蔬菜和香草，其中最常见的有君子兰柠檬叶、高良姜（也称南姜）、香茅、芫荽和泰国罗勒；第二，甜、酸、辣、咸等风味，口感都很纯粹、强烈甚至刺激，泰国料理中，哪怕是简单的色拉、炒面或者咖喱菜，都几乎融合了所有这些口味；第三，除了口感的提升，每个菜都保留着自己独特的层次感，以及风味的和谐统一。比如泰式色拉，它可以带来众多不同的口味，包括甜而刺鼻、未成熟的水果味，椴树叶的酸味，鱼露的咸味，柠檬草、芫荽和薄荷的草本味，以及红辣椒的辣味。

泰国小菜的制作、准备要花上比实际烹饪更长的时间。众多的食材需要清洗、排料，切成精美的薄片，最后才能变成清淡、新鲜的本色美食。泰国料理风味强烈却不厚腻。撇开小部分炒菜，大部分的菜肴用油很少，有时会在烹饪中加入点椰子汁来塑造菜体，增加丰厚度。当然，泰国料理的主要特色虽

右图：碳烤猪肉

134

清淡，却富有风味。亚洲另外一种有比较强烈的风味，却一点也不厚腻的料理是韩国料理。两者相同之处是都采用强烈的香料；但泰国料理有一种融合了辣味、香草味、柑橘味、苦味和鱼味（因普遍使用鱼露）的独特芳香；而韩国料理有一种冲鼻子的发酵香味，是人们梦寐以求的嗅觉和味觉享受。

调味料在餐食中起着关键性的作用，它根据食客的喜好，在菜肴中起着平衡甜、酸、咸、辣的作用。最流行的调味料鱼露，似乎永远都在餐桌上。还有一种较稠的虾子蘸酱，是用最辣的辣椒制成的。在泰国，这种蘸酱又有无数种延伸，比如在北部，可以用发酵的黄豆替代虾子酱，形成新的口味。

泰国料理的精华也流行于街头巷尾。几乎所有受欢迎的主食，都能在街头小食摊、穿梭于城市间的美食车上寻觅到。与大多数东南亚国家类似，这里兜售于街头巷尾的美食是最具风味的，唇齿间的享受也最真切：口味清淡，容易消化，使人们可以抛弃刻板

的用餐时限而全天候地、随心所欲地满足口舌之需。供应琳琅满目小吃美食的热闹夜市，几乎每个小镇都有，曼谷则有太多的小贩在街头叫卖美味小吃。有些小贩将小摊搬入室内，在那些装上了空调的美食阁里，也常常人满为患。

1970、1980年代，到餐馆用餐似乎还不是一种普通行为，常被看作是专属于富人的活动。但随着中产阶层的不断增长，餐饮业迎来了一个新的时代，优雅的用餐场所和休闲餐厅急剧增加。另外，许多泰国家庭喜欢雇用一个本地帮手在家中烹饪，所以最好的美食也经常出现在私人家庭。现在，非泰式餐馆在中产阶层中也很受追捧，中国菜系中的粤菜和川菜就很受欢迎。1990年代起，日本料理也越来越流行。西餐厅中，法式的高档餐厅很快被意式的休闲餐厅取而代之。曼谷有条唐人街，还有个"小印度"；萨墨塞天鹅公园景观酒店的周围社区，还有一群意大利餐馆，名为"小意大利"。

题外话：
拉玛四世国王在他的任期内（19世纪后期）引入了叉和勺，并鼓励他的子民们使用。于是，这一用餐文化传播于整个王国，用手抓饭的习惯淡出泰国大部分地区；但北部的一些村民仍习惯用手抓饭。勺被认为是主要餐具，叉子仅仅是将食物引导到勺子上；筷子通常被用于食用面条，或是在中国餐馆里食用小碗装（而不是盘装）的米饭。

料 理

总体上，泰国料理按地理位置可划为四个区域。首先是中央平原，富饶肥沃的湄公河三角洲。曼谷就在这个地区，这里是著名的香米之都。香米，长粒状，带谷香，原产于泰国，是泰国人一日三餐的主食。该地区紧邻泰国湾，所以新鲜的海产品也是当地餐桌上的一大特色。鸡蛋也备受欢迎，人们用不同的方式食用鸡蛋，包括煎、炸，然后放在米饭上，或者配在一个炒菜里。面条绝对受欢迎，一种被称为"舟面"的食品是用米粉制作的，浸入深色的牛肉高汤里，色香味俱佳。

泰国的宫廷菜也是在此地逐渐形成的，所用食材品种繁多且品质优良，尽是精挑细选出的极品。水果和蔬菜制作的食雕造型漂亮，极为夺人眼球，也刺激了人们的食欲。在西方的泰国餐馆里最为常见的冬阴功、辣虾汤、炒米粉等，最初都来源于这一地区。

其次是泰国北部的清迈。那里多山，料理显得有些口苦味涩，蔬菜有洋槐叶和小茄子等。那里的糯米因为口感更有韧性，因而比香米更受欢迎。由于受到缅甸饮食的强烈影响，与南方相比，清迈的菜肴中使用较多的洋葱、大蒜和姜。那里的辣香肠也以其丰富的美味而名闻遐迩。其中最为著名的是辣肉香肠脆猪皮，它是由猪肉、葱、香茅、柠檬皮君子兰和干红辣椒一起塞入猪肠制成。这个地区与缅甸和中国的云南省接壤，因而也大量借鉴了这两个地方的传统烹饪文化。面条在他们那里有很多种形式，一种包有豆芽、香菜叶和细米粉的米纸卷特别受欢迎。

再次是泰国东北部的伊桑地区，这里是泰国最贫瘠、最穷困的地区，靠近老挝。由于受到老挝和高棉人的影响，伊桑的料理肉类较多，也较辣。他们常用网格或烤肉叉烤制肉类，用各种辣的调味品，并用极富口感的蘸料蘸而食之。纳姆杰（Naam Jaew）是一种常见的蘸酱，由干辣椒、葱、虾子酱和罗望子汁混合而成。拉帕（Laap），一种辣菜肉末，也出自这一地区，在泰国广受欢迎。在泰国北部和东北部，人们还喜欢食用一种用手指揉搓而成的糯米饭团。用手进食在这里是件很平常的事。

最后是泰国南部，它覆盖了14个省份，位于马来半岛北部，与马来西亚接壤。这里的地形、地貌多样，沿两侧的海岸有平原，还有热带雨林。这一地区有着橡胶、锡、椰子等丰富的自然资源，这里的料理受到多种因素影响，菜肴中喜欢加入当地产的食材（比如椰子等），是一个美食大杂烩。这里居住着较多的中国人，他们已经习惯于爆炒的菜肴、烧烤猪肉和面条等，并视其为饮食支柱。这里的料理也分不清究竟是泰式的还是马来西亚式的。这里的咖喱鱼，与马来西亚人喜欢的差不多；还有一种受青睐的马来小吃是在蓬松柔软的小麦面包上放点咖喱，或者加入咸的或甜的馅儿。从这一地区的马来西亚料理中，还可以强烈感受到印度尼西亚和穆斯林的影响，比如"考莫启"——一种鸡肉做的食品，与米饭一起烹饪，再加入姜黄、辣椒和丁香等香辛料，很是可口。

右图：炭烤泰式香草鸡肉

饮料和葡萄酒文化

由于泰国处于热带气候,料理又多带辣味,水就成了最佳的饮料。果汁口感较好,清甜爽口,带走了香辛料的热量,也很受欢迎——从新鲜的嫩椰子到甘蔗、菠萝和芒果,都能榨汁饮用。丰盛的新鲜水果促使果汁商贩应运而生,在曼谷的每个角落,都能尝到清甜的水果汁,甚至冰镇风味的鲜果汁。

自从泰国南部及北部部分地区的茶叶和咖啡种植成为传统种植业以来,茶文化和咖啡文化在这里得到良好的发展。这里的茶文化还涵盖了印度式的红茶,所用茶叶既有进口的,也有自产的。人们饮用热红茶通常要加入大量的炼乳和糖,颇具东南亚风格。从绿茶到乌龙茶的各类中国茶,在遍布城市的中国餐馆里普遍受到青睐。

泰国南部地区种植罗布斯塔为主的咖啡豆,已经有很长时间了;北部丘陵地区则以盛产高品质的阿拉比卡咖啡豆而闻名。当地人饮用咖啡的传统方式是:将咖啡豆磨成粉,装入一个小布袋,然后将热水倒在布袋上,冲泡而饮。饮用这种苦味强烈的黑咖啡,像红茶那样,也要加入大量的糖和炼乳才别具风味。

作为一个笃信佛教的民族,宗教对曼谷及泰国其他各地的饮料文化都产生了深远的影响。政府征收高额酒税来抑制酒的消费,然而事实上,在亚洲,泰国人均酒精消费量较大,并且酒精饮料的选择还相当广泛。曼谷的城市居民,除去佛教徒,大都会经常饮用啤酒、威士忌、烈酒和葡萄酒。而在一些小城市、小镇以及泰国南部的部分地区,因受伊斯兰教影响深远,那里的酒精消费比例相对低很多。

本地啤酒,比如辛哈或嘉士伯,可能比优质瓶装水更为便宜。到目前为止,啤酒仍是销量最好的酒精饮料。它那清凉的温度、低廉的价格和号称"液体面包"的食用价值,使其成为泰国休闲餐中最好的佐餐饮料。当地的烈酒由不同的谷物酿制而成,米是最普通的,它成了使用最多的酿酒原料,而酿成的酒也是最受欢迎的。这些烈酒的酒精含量在35%到90%之间。许多当地酿制的威士忌也是以米为基本的酿制原料,略带轻微的甜度口感,比如桑逊酒是用甘蔗酿制成的当地朗姆酒。白酒称为"老挝考",用糯米酿制,较为便宜,在泰国的农村地区颇受欢迎。而更烈性的白酒则称为"老挝白酒"(野生白酒),用不同的原料,比如椰浆、甘蔗、糯米、芋头或棕榈糖等酿制而成。

上图: 椰子　右图: 泰国巴蜀府HUA HIN山的葡萄园

在过去的几十年里，泰国人收入水平不断提高，对于能体现优雅生活方式的饮料亦越来越感兴趣。葡萄酒因既有益于健康，又能体现出优雅从容的生活态度，而逐步流行起来。除印度孟买令人咋舌的葡萄酒高关税外，曼谷已成为葡萄酒消费最贵的地方之一。市场上零售价之高足以将葡萄酒纳入奢侈品之列。当地消费的葡萄酒主要来自进口，其中尤以法国和澳大利亚的葡萄酒最受青睐。

营造葡萄酒奢侈品形象的主要力量，是来自市场营销和当地酒厂的葡萄酒文化推广者们，他们拿出葡萄酒总消费量的很小部分用以推广与普及。他们联合成立了泰国葡萄酒协会，其中有七位成员代表国内大多数葡萄酒厂商，他们活跃在全国各地，进行葡萄酒文化的普及和品尝推介活动。当地的暹罗酒厂、格莱蒙特酒厂、夏多德利酒厂酿制的葡萄酒，口感比较单纯、清爽，是辣味泰国料理最佳的佐餐饮料。这些当地酿制的红葡萄酒约占市场份额的60%到70%。

在颇具挑战性的当地气候环境下，葡萄靠自然生长而一年双丰收，往往需要精心栽培，拿它酿制葡萄酒，还需高超的酿酒技术，才能酿制出纯净的果味葡萄酒。因此，许多人选择在高海拔地区种植葡萄，并采取严格的修剪技术，确保一年一次高品质葡萄的大丰收，而放弃自然条件下的双丰收。目前当地酒厂需要支付200%的葡萄酒消费税，但这仍远低于近400%的进口葡萄酒关税。泰国葡萄酒协会这个生机勃勃的群体2004年才成立，他们一直在努力提高公众对葡萄酒文化的认识，设法提供更多、价格更公道的进口葡萄酒。在泰国饮食文化与葡萄酒之间，他们将继续起到牵线搭桥的重要作用。

题外话：

酿酒与泰国之间原本并不存在直接的联想。但这个已有30年酿酒史的东南亚国家，1995年就有了自己的第一种葡萄酒佳酿，那就是夏多德利酒厂的葡萄酒产品。这里总共约有60多家酒厂，到2008年，葡萄种植总面积已是1980年代以来的近3倍，达145000公顷。酒厂酿制的葡萄酒有红葡萄酒、白葡萄酒、带泡沫的玫瑰葡萄酒等。泰国葡萄酒协会的总产量，有约50%出口，人们可以在泰国餐馆和海外的餐馆里看到泰国产的葡萄酒。暹罗酒厂是泰国最大的酒厂之一，它总产量的一半以上出口到法国、德国、澳大利亚、日本、英国、美国等20多个国家。泰国是世界上地处热带的葡萄酒产地之一，其他还有印度、巴西和越南等国，他们生产的葡萄酒被称为"新纬度葡萄酒"。如今，这里的葡萄酒酿造师们，已积累起丰富的热带气候条件下的葡萄酒酿制技术。随着世界气候的不断变化，他们的热带葡萄栽培技术对于葡萄酒酿制的未来，甚至包括传统葡萄酒产地，将提供极大的帮助。

葡萄酒与泰国中部菜肴

与普通共餐环境下的配酒相比，泰餐的强烈味觉使得配酒难度加大。泰餐喜欢使用大量香草以突出浓重口感，但往往会掩盖葡萄酒的芬芳。最理想的配酒是果香浓郁、芬芳扑鼻的葡萄酒。此外，泰国菜的沙拉、酱汁和汤都很酸，因此葡萄酒的酸度一定要足够。

几乎每道泰国菜都会使用红辣椒，总能看到红辣椒漂浮在随处可见的鱼露里。这种咸辣搭配使得选择为之配餐的葡萄酒成为一种挑战。其实许多白葡萄酒是很理想的搭配，然而不幸的是，泰国餐厅并不理解这一点，订的酒绝大部分都是红葡萄酒。尽管其中许多轻到中度酒体的红酒酸度足够配得上泰国菜，但很多当地人却喜欢口味醇厚、多单宁的红酒，因为这样搭配会凸显辛辣味，削弱酒的果味。如果这种酒略微冷藏后再饮用，则更能尽享泰国菜的风采。

泰餐里许多菜都带甜味，因此适宜配饮带少许甜味，或冰镇过的中等甜度的葡萄酒。德国雷司令，卢瓦河出产的微甜白诗南，阿尔萨斯的晚收型芬芳白葡萄酒酸度适中、果味浓郁、酒体较轻，这些都能有效平衡泰国菜的风味，有效勾起食物中的甘甜回味。这些酒冷藏后饮用格外爽口，能舒缓被辣味过度刺激的舌头。

泰国菜口感强烈，所以果味突出、同时又有酸度平衡的葡萄酒是其佐餐良伴。泰餐中富含香料，因此芳香四溢的红白葡萄酒，比如黑比诺就很适合。选择来自凉爽产区，高酸度、重果味的葡萄酒决不会出错。

泰国美食和葡萄酒搭配一览表

基本风味		葡萄酒的考量因素		味觉	
• 咸	●●●●◖	• 糖	干或微甜	• 厚重/浓郁度	●●○○○
• 甜	●●●●○	• 酸	●●●●◖	• 油腻	●●○○○
• 苦	●●○○○	• 单宁	●●○○○	• 质感	●●●○○
• 酸	●●●●○	• 酒体	●●●○○	• 温度	●●●○○
• 辣	●●●●○	• 口感浓郁度	●●●●◖		
• 鲜	●●●○○	• 回味	●●●○○		
• 风味浓郁度	●●●●●				

低 ●●●●● 高

调味酱、酱汁、蘸料和佐料

特点

- 咸味鱼露Plaa是许多酱汁的底料，味道辛辣。
- 大多数调味酱和酱汁里都有红辣椒。
- 酱汁强调辣、甜、咸或酸味，能彻底改变菜肴风味。

葡萄酒搭配窍门

考量因素

- 浓郁的果味可以对抗酱汁的强烈味道。
- 菜肴多辣椒，最好选用低单宁的葡萄酒。
- 酸度强的新鲜葡萄酒冷藏后饮用效果更佳，可以唤醒味觉。

选择

- 干或微甜、果味鲜明，未使用橡木发酵的酸味清新可人的白葡萄酒。
- 轻体红葡萄酒，冰镇过的桃红或起泡酒。

建议

- **映衬菜肴风味**：德国、卢瓦河谷或阿尔萨斯的微甜型白葡萄酒，干型果味白葡萄酒（如来自新世界凉爽产区的雷司令），西班牙的albarino或verdejo，起泡酒，果味突出、轻度酒体的新世界黑比诺。
- **佐餐**：北意大利白葡萄酒，桃红酒，起泡西拉，优质村庄级博若莱。

禁忌

- 低酸葡萄酒。
- 优质的葡萄酒，味道精致细腻。

典型菜肴

甜辣酱（上图）
绿辣椒酱
红辣椒猪肉末蘸酱（下图）
辣椒虾酱

典型菜肴

酸辣虾汤，冬阴功（右图）

辣汤米粉

椰汁鸡汤（下图）

可口浓汤

特点

- 融合辛、辣、酸、甜等各种味道。
- 汤汁多样，从辣汤到微辣的椰奶、肉汤都有。
- 食材范围广，如蔬菜、海鲜、肉类，甚至米粉等。
- 高温烹调。
- 鲜度适中。

葡萄酒搭配窍门

考量因素

- 所有配泰国菜的葡萄酒都需要低温饮用。
- 汤汁浓郁，通常带有强烈的辛辣或酸味，适宜选用酸度清新的果味葡萄酒。
- 椰奶做的汤底适宜搭配重酒体、橡木桶陈酿的霞多丽。

选择

- 味道浓烈，中度酒体的果味葡萄酒或中到重度酒体的白葡萄酒。
- 口感醇厚芬芳的白葡萄酒能与菜肴中香草的香气扑鼻呼应。
- 多功能的桃红或起泡酒。

建议

- **映衬菜肴风味**：果味型隆河山丘村庄级酒或其他歌海娜为主的中等酒体的果味红酒，新西兰黑比诺，加州白芙美，阿尔萨斯饱满酒体、芳香馥郁的白葡萄酒，年轻的孔德里约，带橡木气息的新世界霞多丽。
- **佐餐**：简单的桃红酒，例如普洛赛克，Sekt 或 Cremant 等起泡酒，果味突出的新世界长相思。

禁忌

- 高单宁或橡木气息突出的葡萄酒。
- 口味细腻精致或成熟的葡萄酒。其酒味会被菜肴的高温和香料冲淡。

典型菜肴

青木瓜沙拉（上图）

肉末沙拉

柚子沙拉（下图）

炸碎鲶鱼沙拉

小乌贼沙拉

浓辣沙拉

特点

- 生鲜水果中的果肉加上柠檬汁，用糖、鱼露和辣椒来平衡味道。
- 沙拉里都有大量辣椒。
- 常常加入柠檬草、卡菲莱檬叶、葱和香菜等新鲜香草。
- 少油。
- 经常使用鲜果或生蔬作为核心成分，口味清淡。

葡萄酒搭配窍门

考量因素

- 菜肴重酸味，要求葡萄酒相应酸度也要高。
- 葡萄酒的果味要浓郁强烈，这样才能对抗食物的味道。
- 菜肴的强烈香气与芬芳类葡萄酒比较相配。
- 冷藏过的桃红酒、起泡酒，及酸度清新、果味浓郁的轻体白葡萄酒是理想选择。

选择

- 任何汽酒或简单的、冷藏过的桃红酒。
- 自然酸度高、果味突出的白葡萄酿的酒。
- 果味突出的干白或微甜的白葡萄酒。

建议

- **映衬菜肴风味**：产自德国、阿尔萨斯或卢瓦河谷的干或微甜型白葡萄酒，雷司令、琼瑶浆或麝香葡萄等芳香类酒，新世界起泡酒，未经橡木桶陈酿、脆爽的新世界凉爽产区的霞多丽。
- **佐餐**：干型桃红酒，成熟的新世界长相思或白诗南，灰比诺，阿斯蒂（Asti）或阿斯蒂莫斯卡托（Moscato d'Asti），冰镇过的轻度酒体、果味突出、以歌海娜为主的红酒。

禁忌

- 不新鲜、不够酸的葡萄酒。
- 橡木桶陈酿、高单宁的红葡萄酒。
- 口味精致但果香不浓的葡萄酒。

炒菜

特点

- 味咸、辛辣，用鱼露腌制。
- 用面点和蔬菜搭配肉类或海鲜。
- 适度腌制，味道温和，常搭配辣、咸或酸的酱料。
- 调味汁通常使用鱼露，加上切片辣椒。
- 菜肴清淡，低到中油。
- 使用切片洋葱、黄瓜、辣椒、香菜等新鲜装饰菜。
- 鲜度适中。
- 高温烹调。

葡萄酒搭配窍门

考量因素

- 不管什么风格的葡萄酒，只要够酸又有足够果味，就能在菜肴的风味中出挑。
- 炒菜多选菜或面点作底，因此轻到中度酒体的葡萄酒与之相配。
- 清爽果味型红葡萄酒与咸辣口味最相配。

选择

- 果味浓郁、单宁适量、酸度清新的红葡萄酒。
- 中度酒体的白葡萄酒，酸味宜人，略带橡木味。
- 起泡酒和桃红酒。

建议

- **映衬菜肴风味**：新世界黑比诺，年轻的勃艮第村庄级红酒，产自托斯卡纳或维纳图（Veneto）的中等酒体、果味型红酒，新世界凉爽产区霞多丽，长相思或赛美蓉混调酒，饱满酒体香槟。
- **佐餐**：优质村庄级博若莱，简单的南隆河谷酒，果味突出、轻微橡木桶陈酿的白诗南，成熟的灰比诺，新世界起泡酒，干型桃红酒。

禁忌

- 高单宁或口感醇厚的葡萄酒。
- 口味清爽精致的葡萄酒。菜肴的味道会显不出来。

典型菜肴

姜炒虾（上图）
罗勒叶辣椒炒鸡肉
鲜虾炒河粉（下图）
炒甘蓝
炒杂蔬

咖喱菜肴

特点

- 辣椒、高良姜、柠檬草、葱、大蒜和酸豆等植物类新鲜香料给酸汤带来强烈风味。
- 鱼露和虾酱的咸味能给咖喱增加辛辣味。
- 辛辣度从微辣到极辣不等。
- 大多数泰式咖喱可配米饭，米饭会中和菜肴的浓烈味道。
- 高温烹调。

葡萄酒搭配窍门

考量因素

- 泰式咖喱带有浓香，搭配琼瑶浆或麝香葡萄等芳香类白葡萄酒为佳。
- 带有强烈果香的葡萄酒才能对抗食物中的香料和风味。
- 咖喱底料中的椰汁散发甜味，与微甜、带芳草橡木味的葡萄酒相配。

选择

- 果香袭人、芳香醇美的年轻白葡萄酒。
- 微甜白葡萄酒。其微甜口感与菜肴的辛香相得益彰。
- 酒体丰厚、橡木桶酿制的白葡萄酒能衬托出菜肴的丰富口感和甜味。
- 成熟的、单宁含量适中、果香浓郁的中度酒体红酒，与肉类咖喱菜肴相配。

建议

- **映衬菜肴风味**：芳香品种，产自阿尔萨斯或德国的干型或微甜型酒，芳香馥郁的年轻维欧尼，新世界、带橡木气息的成熟霞多丽，里奥哈白葡萄酒，新世界果味型、中等酒体的黑比诺或梅鹿辄。
- **佐餐**：成熟的灰比诺，简单的隆河山丘，年轻、现代风格的里奥哈红酒，果味型桃红酒。

禁忌

- 口感含蓄精致的葡萄酒。无法对抗菜肴的浓味。
- 高单宁的红酒。会凸显菜肴的辛辣。

典型菜肴

红咖喱鸡（上图）

红咖喱烤鸭

泰式绿咖喱鸡（下图）

Jeannie的五大精选酒款
（搭配泰国菜）

1 新世界黑比诺
- Pinot Noir Village，Bass Phillip Gippsland，澳大利亚维多利亚州
- Pinot Noir La Strada，Fromm Vineyard，新西兰马尔堡
- Pinot Noir，Martinborough Vineyard，新西兰马尔堡

2 新世界霞多丽
- Art Series Chardonnay，Leeuwin Estate，西澳玛格利特河
- Chardonnay Estate，Chalone，Monterey，美国加州
- Piccadilly Chardonnay，Grosset，南澳阿德莱德山

3 微甜型雷司令
- Blue Slate Riesling，Dr Loosen，德国莫索
- Oberhauser Leistenberg Riesling，Helmut Donnhoff，德国那赫
- Wehlener Sonnenhur Riesling Auslese Goldcapsel，JJ Prum，德国莫索

4 阿尔萨斯琼瑶浆
- Gewurztraminer，Hugel & Fils，法国阿尔萨斯
- Gewurztraminer Zotzenberg Grand Cru，Domaine Lucas & André Rieffel，法国阿尔萨斯
- Gewurztraminer Altenbourg，Domaine Albert Mann，法国阿尔萨斯

5 奥地利绿维特利纳 （Grüner Veltliner）
- Grüner Veltliner Spiegel，Hiedler，奥地利坎普谷（Kamptal）
- Grüner Veltliner Von Den Terrassen Smaragd，FX Pichler，奥地利瓦豪（Wachau）
- Grüner Veltliner Stockkultur，Prager，奥地利瓦豪（Wachau）

什么叫爱国心？就是热爱儿时吃的食物吧。

——林语堂

KUALA LUMPUR
吉 隆 坡
第九章

吉隆坡

快　照

人　口: 190万。

美　食: 受到土著马来人、华人、印度、泰国和印度尼西亚社区的综合影响。

招牌菜: 椰浆饭, 叻沙, 仁当牛肉, 膨化印度饼, 三峇虾。

葡萄酒文化: 政府不支持酒精类饮料的消费。葡萄酒市场正在开发中。

葡萄酒关税: 每瓶4美元, 加20%的附加税。

文化背景

吉隆坡是一个富有魔力的城市, 能够抓住你的味觉, 牵住你的心。这个地方气氛友善, 生活休闲, 能让访客受宠若惊。这时, 你可别忘记他们是马来西亚人, 他们热情, 有积极的生活态度, 有活在当下的乐观天性, 也有着对不同文化、不同政治观点和宗教信仰的豁达与宽容。

马来西亚人这种根深蒂固的生活态度, 源于两千年来不同文化的充分交融和相互促进。有一份长长的名单列出了统治过这个半岛的人, 包括印度的三佛齐帝国、马六甲的穆斯林苏丹国, 以及葡萄牙和英国。吉隆坡得以发展并崛起为马来半岛上的重要城市, 无疑得益于19世纪中叶在该地发现的丰富锡矿。中国的劳工被马来巴生头目送来这里发掘锡矿, 就此他们在这里扎下了根。

1874年的"邦咯条约", 使英国赢得了这里的控制权。1880年, 雪兰莪州的首府迁至吉隆坡。由于中国矿工的数量不断增加, 进入20世纪时, 这个国家生产的锡矿总量达到世界锡矿总量的一半。

现在, 该市的华人社会与马来族和其他原住民联合形成马来西亚举足轻重的团体, 虽然从国家角度讲, 华人仅占总人口的四分之一。

半岛上的自然资源极为丰富, 橡胶是该国另一个主要的产品, 它帮助马来西亚成为一个以外向型经济为主的高收入国家。橡胶树在热带气候条件下蓬勃生长, 橡胶工业与世界汽车工业同步发展, 为无数人创造了财富。此外, 马来西亚还是棕榈油出口大国, 也是该地区天然气和石油的出口国。

148页: 吉隆坡的双子塔 (右图), 梅纳拉KL (左图)

上图: 苏丹阿都沙末大厦　　右图: 蔬菜市场

第二次世界大战期间，日本人短暂而残酷的统治，激发了马来西亚人战后为摆脱英国殖民统治的独立斗争。1957年，马来西亚独立，1963年，包括马来亚、新加坡、沙巴和沙捞越在内的马来西亚联邦正式成立。由于种族关系紧张，新加坡在1965年被开除出该联邦。当时华人掌握了该国主要的商业，因其对经济的控制而引发并进一步加剧了紧张局势。政府推出"新经济政策"以应对1969年的骚乱。这一强制行动使得土著马来人在经济教育和就业方面都获得了利益。

接着的1980至1990年代，是马来西亚取得惊人发展的巅峰时期。在马哈蒂尔·穆罕默德强势领导下的那二十年里，马来西亚从农业和采矿型经济的国家逐渐转变为制造业和外向型经济的国家。城市景观也发生了巨大变化，吉隆坡塔和双峰塔等著名的建筑楼宇拔地而起。伴随着经济的发展，马来西亚人的生活方式也发生了变化。大型购物商场和宾馆沿街而立，取代了原先龟缩于街边的小摊档。豪华住宅、跨国公司、全球奢侈品品牌和高档餐馆纷纷在此安营扎寨——显而易见，吉隆坡已成为一个国际化、多民族的城市。

吉隆坡沿街到处洋溢着食物的气息：印度的咖喱芳香，土生土长华人使用的酱汁以及中式炒菜的油烟与酱油融合的香味，时时激荡着人们的味蕾。而四季皆桑拿的气候，恰好使街头食物的芳香弥漫空中，不时牵动着人们的味蕾神经。这些现象目前虽然正有所减少，但仍然存在。在高耸的现代化办公楼下，这个城市正展示着自己多姿多彩的街头美食文化。新加坡人为了吃而来吉隆坡旅行，实在是对吉隆坡街头美食大放异彩的最好诠释。

美食和餐饮文化

在人行道上品尝美食,在整座城市中仍然盛行,不管是在安邦路附近的商业区,还是在孟沙的时尚Jalan Telawi,抑或是时髦的武吉宾登。在安塔拉孟沙外面站队享用椰浆饭,为的就是享受椰浆饭的芳香和美味的三巴。不难想象,这些美食及品尝的经历,在几代人之间恐无二致。小贩摊旁那时兴的染色塑料餐桌常常座无虚席,食客们吃着热气腾腾的蒸面、米饭或咖喱,不可避免地与邻座的手肘时不时发生摩擦。这不仅仅是午餐情景,晚餐也如出一辙,甚至更甚,在惹阿洛(Jalan Alor)或唐人街(Petaling Street),几乎全天都挤满了顾客。

是什么使得吉隆坡的美食如此独一无二?是美食的品种和范围,因为它能够反映出城市居民多种文化融合的特点。受土生华人饮食习惯影响的餐馆,提供麻辣风味的叻沙和辣凤尾鱼;受马来人饮食影响的小摊档,是制作椰浆饭的高手;而华人饮食的影响,已创造了一个强大的涵盖所有品种的面条家族,从福建面到炒粿条(宽条米粉)等等,一应俱全。别看这里的印度人很少,但影响力却很大:印度式蕉叶餐厅和咖啡馆比比皆是,小摊档供应的印度煎饼、各种达尔(平整的膨化面包伴以豆类蘸酱)以及玛莎拉鸡(香辣鸡),均很受欢迎。多数摊档和餐厅的特色菜就在自己的店名招牌中,比如"宋记牛肉面"、"嘉公所鱼头海鲜酒家",及"纳斯坎达贝利达米饭"(Nasi Kandar Pelita)等。

马来西亚政府目前尚无清除街头食摊的打算,但很多曾经的街头小贩已成功转型为高档食坊的经营者。许多小摊档入驻干干净净、带空调的美食广场,供应各类当地小吃,价格公道。"关女士"(Madam Kwan)店是一家休闲餐厅,以椰浆饭闻名,它设的分店遍及全市。吉隆坡的美食也进驻到了一些宾馆和餐厅,比如马来西亚历史悠久的卡尔科萨内加拉(Carcosa Seri Negara)酒店里就有"Gulai楼",步入餐厅,如入仙境,但其费用却并未曲高和寡,而是追随当地主流。还有少量的马来西亚或土生华人餐馆,设施也相当精美完善。现在,所有的五星级酒店都有休闲餐厅,种类齐全的当地美食已出现在正式菜单上,或者作为了自助餐的一部分。

从1990年代开始,独立的餐厅如雨后春笋般遍布吉隆坡。城市中,有着不同宗教信仰的餐厅差异较大:信仰穆斯林教的,菜肴中不可以有猪肉;信奉印度教的,菜肴中不会出现牛肉食材,或干脆是素食主义者。东南亚餐馆在不断增长,比如"毕坚"(Bijan)被视为当地最时尚的餐厅,"罗望子泉"(Bou Tou)、"科钦"(Top Hat)则是深受欢迎的印度风格料理店。吉隆坡有着来自中东、西班牙、日本等地的美食,但这里的餐馆最擅长的就是将各种美食融合。虽然这种"融合菜"似乎已经渐渐失宠于美食界——只象征性地点到为止,转而更关心其时尚而非风味;但在吉隆坡,的确有许多餐馆已经成功地嫁接了东西方的诸多优良元素。最成功的例子有"苯教吨"(Bou Ton)和"顶帽"(Top Hat),这两家餐馆别具一格的菜系,成功融合了亚洲口味的美食元素。

左图: 椰浆饭

料　理

影响马来西亚美食的主要因素是香辛料，以及印度尼西亚爪哇岛和苏门答腊岛的传统风味。但由于泰国和中国元素的加入，它也有别于传统的印度尼西亚美食。马来人喜欢将干湿做法不同的辣味混合，比如姜、干红辣椒、香茅、藏红花和茴香，再与很有味的底料，比如马来栈（虾酱）混合。仁当牛肉，用浓稠的深色咖喱、麻辣的椰浆，以文火煨成，是一道经典的马来西亚美食。沙爹（香烤肉）也很受欢迎：一份串烧肉拼盘（可以是鸡肉、牛肉或猪肉），在一个烤架上烤制，食用时蘸上点辣花生酱。三峇马来栈是一种比较辣的调味料，用新鲜的辣椒、干虾制酱和酸橙汁混合制成，也是马来人餐桌上的必备品。

土生华人把马来饮食与中国的食材和烹饪方式相结合，创造出"娘惹美食"（Nonya cuisine）。早期定居在马来西亚、新加坡和印度尼西亚部分地区的中国劳工，与当地的马来女子联姻。生活中，他们习惯使用中国食材和中式烹饪，比如使用锅子烹饪，而且用旺火；还喜欢食用面条，并用马来、印度和印度尼西亚的香料及酱汁调味。许多美味佳肴就是这样从自由发挥到逐渐成型，既融合了香料的芳香，又形成麻辣中略带酸味的独到。

土生华人使用的主要食材，包括椰子汁、高良姜、香兰、君子兰叶、香茅、罗望子和马来栈等。某些重要城市，比如创造出"娘惹美食"的马六甲等，地处马来半岛绵延的海岸线一带，因此像鲜鱼、贝类等食材在美食中频频出现。所有这些食材放在一起烹饪，会产生一种强烈的麻辣、酸辛的口感，以及浓郁的芳香。"娘惹美食"的另一个独到之处是使用马来栈，以及其他盐腌虾，比如煎蛋卷。这类佳肴中，咸和冲味儿可以对冲酸和麻辣味。"娘惹美食"的经典调味就是用咸的煎蛋卷、酸橙汁、葱和辣椒混合成的，以此作为油炸海鲜品和其他配菜的作料。

华人在吉隆坡和中国城的影响力是巨大的。中国城也被誉为"唐人街"，各式各样的中餐馆林立其中，供应着浩如烟海的各式美食，从高档的粤菜席，到舒适惬意的海南鸡饭和福建面条，应有尽有。最受欢迎的一种食品是面条，它已成为吉隆坡人的主食，小摊档供应有炒米粉，高档餐馆也有昂贵的海鲜炒面。中国美食中，粤菜是五星级酒店高档餐厅里的至尊佳肴。其他地区的美食，比如四川和上海风味，全市只有少量的高档餐厅有供应。

与新加坡相似，在吉隆坡生活的印度人较少。但由于受泰米尔（Tamil）文化的强烈影响，使人感觉到他们无处不在。他们给这个城市带来了咖喱、印度煎饼和传统的蕉叶餐。印度香辛料、咖喱及其烹饪技术，已经为马来西亚人所喜闻乐见，几乎所有的印度美食在这个城市里都能买到，甚至包括印度北部需要使用黏土烤箱的莫卧儿美食；在炊具齐全的印度餐厅里，这种美食越来越受到欢迎。

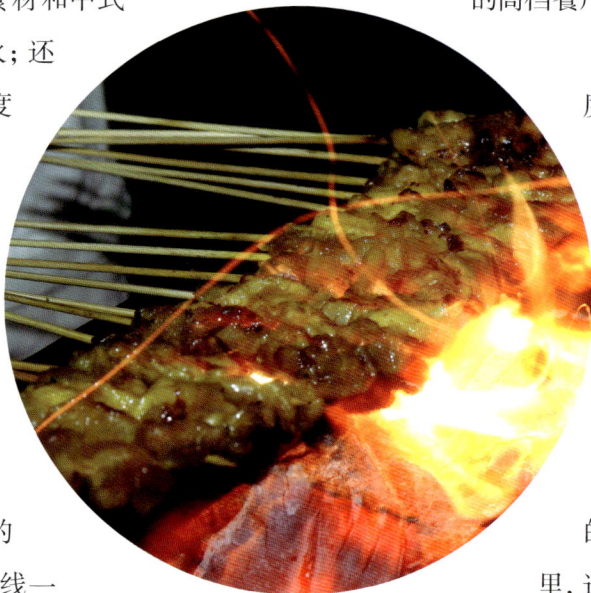

饮料和葡萄酒文化

一个人对饮料的选择基于他的文化背景、宗教信仰或家庭传统。马来西亚多种文化交融的环境，决定了其饮食文化中不可能只存在单一性的选择。除了水之外，香浓奶茶（拉茶），一种用甜炼乳和红茶调配而成的饮料，广受欢迎。中国餐馆里有正统的中国茶，但在休闲餐馆、小摊档和咖啡店里，拉茶更受欢迎。咖啡曾是一种行之有效的药汁，浓烈的黑咖啡，曾需要加入甜炼乳软化后饮用，但现在的咖啡，已越来越趋向于欧式的清咖啡。

饮料的选择顺应各种文化的发展趋势：食用印度美食时，一种咸的或甜的酸奶饮料就可以佐餐；食用土著华人的美食时，可能用新鲜的嫩椰子汁或现榨的甘蔗汁更为合适；而食用中国美食时，各式茶水就足矣。几十年来，由于地处热带，清凉饮料，比如软饮料和罐装的冰冻果汁，要比传统的北亚热饮更受追捧。

作为一个穆斯林国家，马来西亚酒精饮料的消费不会受到鼓励。但早期的中国劳工带来了酒精蒸馏技术，使得烈酒在当地已经流传许多年了。如今，当地穆斯林的餐馆中虽没有酒精饮料，但其他大大小小的餐厅仍然供应着啤酒、葡萄酒、鸡尾酒和烈酒。

物美价廉的啤酒受到马来西亚人的广泛欢迎，葡萄酒也逐渐在富有的人群中赢得青睐。1990年代以来，葡萄酒关税开始下调，这有效地刺激了大批葡萄酒进口商及那些专营富有阶层的零售商。与北部接壤的泰国相比，如果撇开穆斯林国家这一因素，马来西亚政府制定的葡萄酒关税政策显得较为开明。但许多新加坡葡萄酒进口商进军到吉隆坡发展，使预期在过去十年里形成一个葡萄酒消费高潮的愿望化为了泡影。

土生华人食物和葡萄酒搭配一览表

基本风味
- 咸
- 甜
- 苦
- 酸
- 辣
- 鲜
- 风味浓郁度

葡萄酒的考量因素
- 糖　　干或微甜
- 酸
- 单宁
- 酒体
- 口感浓郁度
- 回味

味觉
- 厚重 / 浓郁度
- 油腻
- 质感
- 温度

低 ●●●●● 高

左图：香烤肉　　上图：水果汁售货亭

葡萄酒和土生华人美食

无论是在马六甲或吉隆坡的街道上，最好的娘惹食物都隐藏在那些看起来狭小而脏乱的饭馆里或小摊中。在这样的氛围下，要用葡萄酒来搭配食物，难度实在不小。首先，娘惹食物的风味很强劲辛辣；其次，这层风味之下还隐藏着一丝来自椰奶的甜味以及柠檬草或卡菲莱檬叶带来的芳香。食材都很新鲜，包括许多质地细腻的海鲜类品种。这样，最佳的葡萄酒才能与这种质地细腻但风味浓郁的食物相呼应。

如果是小摊上的一顿休闲餐，一瓶冰镇的简单桃红酒或脆爽的长相思就很不错。如今许多葡萄酒都使用易开的螺旋塞，甚至更为便利的盒装，以方便朋友们共同分享。这种简单但风味浓郁的中等酒体白葡萄酒或桃红酒在这种非正式的环境是绝佳之选。选择是多样的，从简单的普洛赛克到轻盈甘甜的阿斯蒂（Asti），或来自澳大利亚、新西兰、加州的起泡酒都可以，还有出自世界优质酿酒商之手的简单起泡酒等等。

在一些高级、正式的场合，则需要确保葡萄酒也具有较高的水准。通常在这样的场合，用餐时间持续更久，餐厅布置、氛围以及玻璃器皿等装饰品都提升了享用优质葡萄酒的乐趣。这时，品质出色的红酒和白葡萄酒则是理想的选择：单宁适中或偏低的红酒，例如黑比诺或果味突出的梅鹿辄能与辣味餐匹配；白葡萄酒则要挑选那些果味浓郁，带酸橙气息的雷司令、柑橘味突出的白诗南，以及带桃子或油桃风味的霞多丽。任何一款与当地食物搭配的酒都需带有足够的酸度，它不仅能提升果味，还能清新口腔。

很少有葡萄酒能与娘惹食物进行完美搭配，因为食物本身和调味料能轻易盖过酒的风味。不过，许多葡萄酒可以通过增添对比风味、增加清新口感，或为菜肴增加特定元素来与娘惹食物搭配。考虑到食物本身会带有些许的甜味（来自椰子汁或棕榈糖），微甜或中等甜度的葡萄酒能够增加食物中的轻微甜味。如果是十分辛辣的食物，就索性挑一种重单宁的酒，感受舌头快要燃烧起来的刺激！接下来的建议则是带领餐酒搭配的爱好者，感受如何获得适中温和的口感。

题外话：

娘惹美食的历史与东南亚的贸易发展史可谓并驾齐驱。早在15、16世纪，来自中国的商人们就开始在这个地区定居。由于当时中国不允许本国女性离开自己的国家，首批中国移民就娶了当地的女人。这些最早出现在马六甲的家庭组成了一个紧密的社区并且不断壮大，逐渐形成了一种名为娘惹的美食文化。那里的男人被称作峇峇（Baba），女人则叫娘惹（Nonya）。城市得天独厚的位置（沿着马来半岛的西海岸）意味着其美食文化的影响最远可来自阿拉伯、印度和欧洲。此外，娘惹食物还借鉴了中国、印度尼西亚、缅甸和泰国等周边国家的美食元素。在糅合了多种文化和民族的特征后，娘惹食物逐渐形成了自己辣、冲、酸的独特风味。

右图：娘惹咖喱米粉

典型菜式

椰浆饭

印度煎饼

咖喱角

辛辣的小吃

特点

- 风味多样，通常加入淀粉以调和质感和风味。
- 主食的辛辣气息适中，但调味料使之可以更为浓郁。
- 中油或重油。

葡萄酒搭配窍门

考量因素

- 考虑到菜肴从咸到辛辣的不同风味，百搭是关键。
- 中等酒体的果味型葡萄酒，无论红还是白，可以在质感上与不厚重却风味十足的小吃相匹配。
- 考虑到品尝小吃的休闲环境，简单的日常酒最为合适。

选择

- 带有成熟果味特征和新鲜脆爽酸度的中等酒体白葡萄酒。
- 中等酒体、单宁柔和、果味突出的红酒。
- 桃红酒和简单的起泡酒。
- 德国或法国阿尔萨斯的微甜型白葡萄酒。其灵活性高，能够带出菜肴的甜味，并与咸味形成对比。

建议

- **映衬菜肴风味：**新西兰、智利或澳大利亚中等酒体黑比诺，成熟的新世界长相思，果味馥郁、未经橡木桶陈酿的澳大利亚霞多丽，各种阿尔萨斯白葡萄酒，特别是琼瑶浆和灰比诺，德国干型或Kabinett级雷司令，新世界起泡酒。
- **佐餐：**中等酒体灰比诺，南法桃红酒，博若莱村庄级，阿斯蒂或莫斯卡托阿斯蒂。

禁忌

- 果味细致或平淡的酒。会被菜肴的辛辣气息盖住。
- 橡木气息过重和高单宁的酒。会加重辛辣味。

辣椒参巴（Sambal）为主的菜肴

特点

- 带有浓郁的辛辣气息。味觉层次复杂，有咸味、火辣味、微甜味，加入酸橙和酸豆后还会带酸味。
- 新鲜的海鲜及蔬菜，风味浓烈。
- 中油至重油，食材通常经过油炸。

葡萄酒搭配窍门

考量因素

- 葡萄酒需要带有浓郁的果味来匹配菜肴的浓重口感。
- 葡萄酒需要带有足够的酸度来平衡油腻，并增添清爽的口感。
- 冰镇过的桃红酒或起泡酒能够在品尝辛辣食物的间隙清新口腔。

选择

- 轻度至中等酒体，果味突出、单宁适中，来自凉爽产区的红酒。
- 带有活跃的果味和脆爽酸度的干型或微甜型白葡萄酒。
- 干型或微甜型的桃红酒或起泡酒。

建议

- **映衬菜肴风味**：德国、阿尔萨斯、新西兰的中等甜度的白葡萄酒，起泡酒，凉爽产区或新世界未经橡木桶陈酿的脆爽白葡萄酒，新西兰黑比诺。
- **佐餐**：桃红酒，起泡酒，起泡西拉，博若莱优质村庄，隆河山丘村庄级，成熟年份的地区勃艮第红、白酒，意大利北部白葡萄酒。

禁忌

- 酸度不足的葡萄酒。
- 优质和珍稀的葡萄酒。这些酒的风味会被参巴浓烈的风味破坏。
- 果味收敛的精致葡萄酒。

典型菜式

参巴茄子（上图）
参巴炒鱿鱼
参巴虾米（下图）

典型菜式

酸鱼

亚参鸡翅

酸辣槟城鱼面

酸辣，亚参（Asam）为主的菜肴

特点

- 酸味突出，常带辣味。
- 食材以海鲜为主。
- 亚参融合了包括辣椒、大蒜、姜黄、葱和生姜在内的各种不同的辛香料。

葡萄酒搭配窍门

考量因素

- 食物浓郁的酸味要求葡萄酒具有同样程度的酸味。
- 葡萄酒的果味必须同样强劲，这样才能与食物的辛辣气息匹配。
- 对葡萄酒的果味度和酸度要求高。
- 冰镇桃红酒、起泡酒和白葡萄酒是最佳之选。

选择

- 所有类型的起泡酒或简单的冰镇桃红酒。
- 自然酸度较高的白葡萄品种酿制的酒。
- 干或微甜型，果味明显的白葡萄酒。

建议

- **映衬菜肴风味：**干或微甜型的德国雷司令，干或微甜型的阿尔萨斯白葡萄酒，晚收型卢瓦河谷酒，起泡酒，来自凉爽产区或新世界、未经橡木桶陈酿的脆爽霞多丽。
- **佐餐：**干型桃红酒，意大利北部白葡萄酒，新世界成熟的长相思或白诗南。

禁忌

- 缺乏清新、脆爽酸度的葡萄酒。
- 橡木气息重的葡萄酒。因为亚参会加重单宁的木质气息。
- 果味收敛的精品葡萄酒。

辛辣烧烤肉类

特点

- 由葱、蒜、辣椒、酸橙叶和南姜调配而成的辛辣蘸酱带来浓郁的风味。
- 椰奶或棕榈糖带些许甜味。
- 鲜味各异。
- 厚重的肉类菜肴常加入辛香料。
- 各类辛香料主要包括丁香、八角、小豆蔻、姜黄和香菜等。

葡萄酒搭配窍门

考量因素

- 以肉类为主的菜肴风味浓郁，故浓郁、饱满的红酒是其合适选择。
- 菜肴中浓郁的辛辣和草本气息，意味着需要同样带有辛辣气息的红酒与之搭配最佳。

选择

- 果味突出、单宁紧实的饱满酒体红酒。
- 带有辛辣气息的西拉或歌海娜等葡萄品种酿制的酒。

建议

- **映衬菜肴风味**：成熟的北隆河谷酒，教皇新堡，右岸波尔多酒，成熟、新世界凉爽产区的西拉或赤霞珠混调，现代托斯卡纳餐酒。
- **佐餐**：隆河山丘基础款酒，阿里亚尼考（Aglianico）或普里米蒂沃（Primitivo）等意大利南部红酒，南部法国的西拉歌海娜或慕合怀特混调酒（SGM）。

禁忌

- 轻度酒体或风格收敛的酒。这些酒的风味会被厚重的菜肴掩盖。
- 果味平实的精致葡萄酒或白葡萄酒。

典型菜式

干咖喱牛肉
炸排骨
**沙茶烤牛肉、
猪肉和鸡肉**

典型菜式

干咖喱羊肉

椰香蔬菜咖喱（上图）

咖喱鸡（下图）

菠萝鱼干咖喱

辣咖喱

特点

- 咖喱芳香四溢，无论是嗅觉或味觉都给人以享受。
- 蔬菜、肉类、海鲜和豆腐等基础食材丰富多彩。
- 辣椒、姜黄、南姜、柠檬草、葱和马拉盏（belacan）会带来辛辣气息。
- 椰奶作为咖喱的底料，为菜肴增加了质地和甜度。
- 高温烹调。

葡萄酒搭配窍门

考量因素

- 食物的芳香馥郁要求葡萄酒具有同等的芳香。可选用琼瑶浆和麝香葡萄酒。
- 酒的果味要足够浓郁，才能与菜肴层次丰富的辛辣匹配。
- 椰奶所带来的甜味需要微甜型、带有甜美香草及橡木气息的葡萄酒来搭配。

选择

- 中等或以上酒体，成熟、芳香四溢、果味生动的白葡萄酒。
- 微甜或晚收型白葡萄酒能与菜肴的辣味形成对比。
- 酒体饱满，带橡木气息的白葡萄酒能与菜肴的浓郁和甜度相呼应。
- 单宁适中，带有足够甜味和成熟果味的红酒能与肉类咖喱菜肴搭配。

建议

- **映衬菜肴风味**：琼瑶浆、雷司令、麝香葡萄、维欧尼或长相思等芳香品种葡萄酒，德国kabinett级酒或简单、微甜的QbA酒，晚收型阿尔萨斯，新世界，橡木气息突出、带有成熟果味的霞多丽，里奥哈Reserva，果味浓郁的黑比诺、梅鹿辄或西拉。
- **佐餐**：灰比诺，简单的隆河谷酒，瓦尔波利塞拉（Valpolicella）或多赛托（Dolcetto）等年轻而果味浓郁的意大利红酒，果味型桃红酒。

禁忌

- 风格保守平实的葡萄酒。无法与菜肴的浓郁风味抗衡。
- 轻盈、精致的葡萄酒。会淹没在咖喱的辛辣中。

Jeannie的五大精选酒款
（搭配娘惹食物）

1 **年轻的隆河山丘**
- Crozes-Hermitage，Domaine de Thalabert，法国隆河谷
- Cairanne Haut Coustias，Domaine de l'Oratoire St Martin，法国隆河谷
- Côte du Rhône，Château de Fonsalette，法国隆河谷

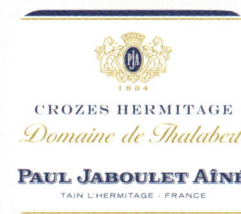

2 **新世界梅鹿辄**
- Haan Merlot Prestige，Haan Wines，南澳布诺萨谷
- Merlot 20 Barrels，Cono Sur，智利空加瓜谷（Colchagua Valley）
- Metlot，Leonetti Cellar，美国华盛顿州哥伦比亚谷

3 **新世界西拉**
- Emily's Paddock Shiraz，Jasper Hill，Central Victoria，澳大利亚维多利亚州
- Langi Shiraz，Mt Langi Ghiran，澳大利亚维多利亚州雅拉谷
- Eisele Vineyard Syrah，Araujo Estate，美国加州纳帕谷

4 **新世界长相思**
- Sauvignon Blanc，Cloudy Bay，新西兰马尔堡
- Sauvignon Blanc，Villa Maria，新西兰马尔堡
- Sauvignon Blanc，Ashbrook Estate，西澳玛格利特河

5 **德国雷司令**
- Brauneberger Juffer-Sonnenuhr Riesling Auslese，Max Ferdinand Richter，德国草索
- Kiedricher Grafenberg Riesling Auslese Gold Capsule，Robert Weil，德国莱茵高
- Scharzhofberger Riesling Kabinett，Egon Muller，德国莫索

王者以民为天，而民以食为天。

——中国谚语

SINGAPORE
新加坡
第十章

第十章　新加坡

快　照

人　口: 500万。

美　食: 以新加坡特色为主,还有受中国人、马来人、印度人、土生华人、印度尼西亚人和欧洲人综合影响的独一无二的混合风格美食。

招牌菜: 香辣蟹,黑胡椒蟹,虾面,咖喱鱼头,炒米粉,面条,肉骨茶,新加坡式的海南鸡饭。

葡萄酒文化: 亚洲最为成熟的葡萄酒市场之一,有一个葡萄酒鉴赏的专业网站。

葡萄酒关税: 每瓶5美元,加7%的商品税、服务税。

文化背景

新加坡是世界上效率最高的城市之一,从一尘不染的道路到严厉苛刻的卫生标准,到处都彰显出政府果断卓越的领导能力。新加坡的成功一部分归因于其国土面积玲珑,另外则是它与时俱进的行事风格,以及重要的地理位置。这里是一个繁华的自由贸易港,是英国人托马斯·史丹福·莱佛士爵士于1819年建立的。1824年,新加坡正式成为英国的一个殖民地。

港口的地理位置绝佳,正坐落于印度洋和南中国海之间的狭长带上。19世纪中叶,蒸汽船在这个自由港有定期航班。在此期间,曾垄断了中国贸易的东印度公司关闭,从而推动了新加坡与英国及其他外国公司的贸易发展。1869年苏伊士运河的开通,更确立了新加坡作为欧洲和亚洲间的一个重要贸易港的地位,其移民人口随着经济发展而迅速增长。19世纪的新加坡,人口主要是中国人、欧洲人、印度人和马来人。这些主要族群与中国福建人和潮州人又组成了更大的社会群体,至今仍生活于此,比如在唐人街、小印度和甘邦林(马来人社区)等处。

第二次世界大战期间,日本人于1942年占领新加坡,摧毁了这里的经济,贸易暂停,主要港口设施被毁。战后,新加坡归回英国统治。1955年,李光耀领导的“人民行动党”为国家的独立而斗争,最终取得了胜利;1959年,李光耀担任新加坡第一任总理。短短两年过去后,新加坡与马来亚联邦(马来西亚)合并。

但这是一个很不稳定的联盟,由于不堪经济或种族冲突的困扰,1965年8月,新加坡退出马来亚联邦,成为一个独立的共和国。

165页:新加坡,狮城

上图:来福士宾馆　　右图:埠头沿岸的餐饮区

在李光耀高瞻远瞩的领导下，新加坡致力于发展与世界各国的经济往来，一个小小的自然资源匮乏的国家，发展成亚洲最成功的经济强国。从发展贸易开始，如今业务已扩展到高附加值的服务领域，如金融业、银行业、旅游业和其他技术领域。新加坡人口只有500万，领土仅仅700平方公里，却取得这般巨大的成就，给人印象尤为深刻。新加坡是人均收入最高的亚洲国家之一，也是世界上最安全的城市。它开明地接纳不同的文化，有四种官方语言（普通话、马来语、泰米尔语和英语）。经济的富裕和多种文化并存的特点，也反映在了新加坡的美食中，琳琅满目的美食是这个岛国得天独厚的财富。

美食和餐饮文化

如果亚洲有那么一个国家，国内几乎每个人都自封为美食家，那一定非新加坡莫属了。前博客时代的互联网聊天室里，人们纷纷如此传说。鲜亮的美食和葡萄酒刊物，在国内广为散发。甚至全国性的日报也常常投入大幅版面来介绍美食和葡萄酒。这个城市的灵活性还体现在能及时接纳与融合各主要移民群体的烹饪传统：中国的、印度的、马来的、印度尼西亚的和欧洲的。中国和马来文化的融合，引申出一个"土生华人"群体，即"海峡华人"，他们是最早来到新加坡的中国矿工与马来当地女子联姻的后人。什么才是"新加坡菜"呢？这需要探究一个或多个这样的移民群体。

新加坡美食是东南亚所有混搭类食物中融合得最完美的。印度的香料结合泰国的椰子、福建的面条，再用粤菜的烹饪方法，放入热锅中翻炒，食用时加入酸橙汁和参巴辣椒酱（土生华人最爱的调味品），这样的美食不计其数，都是从小贩们走街串巷的流动车小吃逐渐演变而来的。路边固定的小摊档上，供应着人们的日常主食，有塞馅儿的洛蒂普拉塔（Roti Prata，片状印度面包），椰浆饭配参巴酱和花生（Uasi Lemak），沙嗲和福建面（厚的面条）等等。

新加坡政府制定了近乎苛刻的食品卫生标准。1980年代后期，路边小摊档开始逐步搬进室内。在国家补贴和低额租金的有利条件下，人们购买一个罐装的美餐仅需2到3美元，而且可以在一个干净的、有空调的环境中用餐。新加坡约有100个以上的小摊档，供应琳琅满目的美食，这简直让饕餮客们欣喜若狂，而且在外面吃还比在家里自己做饭更实惠。政府充分利用了本国的独特魅力，大力促进旅游餐饮业的发展，鼓励在本国举办各种食品和葡萄酒展览会，比如世界名厨峰会等等。

新加坡美食和葡萄酒搭配一览表

基本风味	
• 咸	●●●●○
• 甜	●●●●◐
• 苦	○○○○○
• 酸	●●●○○
• 辣	●●●●○
• 鲜	●●●●○
• 风味浓郁度	●●●●◐

葡萄酒的考量因素	
• 糖	干或微甜
• 酸	●●●●○
• 单宁	●●○○○
• 酒体	●●●●○
• 口感浓郁度	●●●●◐
• 回味	●●●○○

味觉	
• 厚重/浓郁度	●●●●○
• 油腻	●●●●○
• 质感	●●●●○
• 温度	●●●●○

低 ●●●●● 高

新加坡拥有一系列风格独特的餐饮区。举例来说，新加坡河沿岸的驳船码头和克拉码头仓库就被改建成了一个集餐厅、酒吧和俱乐部功能于一体的休闲区域。"赞美广场"因位于市中心，并坐落在精心装修的原修道院附近，它和它周围的餐饮及酒吧，自然成为人们的首选。"荷兰村"是一个外籍人员的居住区，那里有着正宗的西餐馆和咖啡吧，气氛轻松，环境优雅。东海岸地区是海鲜饕餮客的圣地，几乎每个餐馆都供应其独门秘笈香辣蟹。

这个城市还有一种更为独特的魅力，能化腐朽为神奇，将自己的劣势转变成优势。虽然自然资源极度匮乏，几乎所有的食品有赖进口，但对厨师们来说，仍然能有多种选择，真是太不可思议了。备受尊重的伊基餐馆的创始人伊基，将此归因于管理得法、高效便捷的供应链。比如，新鲜的日本三文鱼和其他可做生鱼片的鱼，就是用安全可靠的冷冻法，定期运来，经恰当处理后妥善储藏。为了制作招牌菜香辣蟹和黑胡椒蟹，新加坡从斯里兰卡、越南或菲律宾进口所需要的蟹。

新加坡地处小岛，四面环海，不管是虾仁炒面还是咖喱鱼头，抑或香酥鱿鱼、墨鱼，海鲜总是在主食中大显身手。许多海鲜品用丰富的福建酱汁调制，衍生出不少新菜肴。新加坡人中有很多来自福建，但城市里却鲜有福建餐馆。不过，小贩们的摊档却将福建菜式的影响发挥得淋漓尽致，比如很受欢迎的美食薄饼（春卷皮）和福建比克区（滋味丰富的排骨汤）。

高档餐馆必须与当地饮食的诱人价格竞争——人们每日的食物开支相当低。不过，高档餐馆里很少能享用到当地的美食，这里的菜系多为欧洲风格，葡萄酒的地位也很显赫。

几十年前，酒店曾发起美食运动，响应的独立餐馆却寥寥无几。1990年代，新加坡已经拥有莱斯阿美族（Les Amis）、冈瑟（Gunther's）和伊基（Iggy's）等享有国际声誉的餐厅。那些厨艺天才们熏陶于多种文化之中，并将之融入厨艺，备受瞩目。贾斯汀·郭（Justin Quek）是新加坡最杰出的厨师，他的法式烹饪中融入了众多的亚洲元素，还将技术传到了中国。这反映了新加坡人的开放和进取：只要是美味，他们就热烈拥抱它。

左图: 调味品及香料　右图: 克拉克埠头沿岸的餐馆

料　理

对新加坡来说，哪些方面是受中国人或土生华人的影响，哪些方面是受马来人或印度人的影响，真的很难条分缕析。这个神奇的文化和美食的大熔炉，能够把某些事物简单化，好比面条，将它加入姜黄、罗望子、辣椒、高良姜等神奇的香料，就变成了别出心裁的新加坡美食。这里的传统美食首推土生华人或"娘惹美食"，包括仁当牛肉、三岑虾和阿萨姆咖喱鱼头等。

新加坡任何一个餐馆的菜单上，都有不同风格的美食。酒店的咖啡吧、餐厅，以及当地的传统早餐店和咖啡店，随时恭候着人们享用各自最爱的美食。小摊档上还有特制的美食，新加坡人喜欢按自己的方式品尝最好的肉骨茶、叻沙或虾汤面，游客也会揣着导游小册子去这些小摊档上饕餮一番。

中国美食在类型和烹饪上有多种区域性划分，它们是新加坡美食形成的基础。虽然福建裔新加坡人是最大的社会群体，但单一、正宗的福建餐馆却少之又少。这里最多、也最受欢迎的是粤菜馆，粤菜被视作中国美食的典范，之后才是各个地区的美食，诸如四川、上海和潮州等。即使在最精致的粤菜馆里，酱油拌的切片辣椒也是随手可用，因为新加坡人的味蕾已经习惯于较强的口感，较浓重的味道，他们的日常三餐中添加些豆瓣酱或三岑辣椒酱，是极为平常之事。

各地的特色菜肴都演变成了新加坡风格的美食，诸如海南鸡饭，容豆腐（豆腐塞鱼肉和蔬菜）等。这些菜肴已完全不同于最初的原型，味道更浓。酱油白切鸡是新加坡风格的改良菜肴，相对于海南原型来说，其味更辣，色更深，口味当然也更浓郁。

"娘惹"一词原是马来语中对上层社会妇女的尊称，可以与"土生华人"一词相互代替，现指国家的原住民美食，即一种以锅子为炊具，混合使用中国和马来西亚食材进行烹饪的美食。可以是蚝油与椰子汁的混合，也可以是烤花生、虾酱与姜和蒜的混合。有一种经典的小菜叫"乌达乌达"（Otak-Otak），一道椰子汁鱼，是用高良姜、辣椒酱和其他香草调味后，包裹在蕉叶里明火烤制而成。有些时尚餐馆，诸如"蓝姜"的娘惹美食，一样可与小摊档上的美食媲美。

在新加坡的印度人人口总数的不到10%，但其美食上却在当地产生了巨大影响。这里的印度人主要来自印度最南端与斯里兰卡接壤处的泰米尔人，他们的蕉叶餐馆很多也很有特点：蕉叶被用作盘子，中间盛上一小堆米饭，配上选择甚广的辣食佐餐；配菜包括薄薄的脆华夫（Pappadom），鸡肉或虾马萨拉，腌菜和辣咖喱小菜。印度传统的用餐方式是用手直接取用食物，但在新加坡的泰米尔，更多地使用叉子和汤匙用餐。

饮料和葡萄酒文化

人们通常根据美食的类型选择饮料。比如食用印度美食，口感或咸或甜的酸奶饮料就很好；食用土生华人的小菜呢，新鲜的嫩椰子或其他现榨的水果汁更佳；食用中国美食时，最好是茶。随着时间的推移，选用软饮料和罐装果汁等冰凉饮料已经蔚然成风，因为它是当地热带气候下的最佳选择。

酒精饮料中，只有啤酒成为当地美食佐餐的主要饮料，比如给芳香扑鼻的椰浆饭佐餐。"虎牌"啤酒从成立至今已有70年了，它是新加坡的标志性品牌，也是有名的世界七国酿造的国际饮料之一，销往60多个国家。啤酒以其清新爽口、低酒精含量和实惠价格，在1980年代，在葡萄酒开始进军市场前，一直是大众饮料的不二选择。

1970年代，为数不多的几个烈酒大集团主宰着小岛上的葡萄酒进口，因此当时的葡萄酒生产商一直在努力讨好进口商和分销商。如今，在竞争日益激烈的形势下，分销商们追着生产商要顶级葡萄酒的分配额。到1980年代，白葡萄酒占了进口葡萄酒的绝大多数（现在则相反），当地的葡萄酒爱好者虽然还不是很多，但人们已开始慢慢了解葡萄酒了。

1990年代，是葡萄酒慢慢变成新加坡美酒之魂的10年。由于媒体报道力度的加大，红葡萄酒有益于健康的理念已深入人心，红葡萄酒开始广泛入驻中高档餐馆，使之赢得了更加广阔的市场。"冷库"（Cold Storage）这样的超市，开始扩大葡萄酒的选择范围；"维纳姆"（Vinum）等零售商也争相开店，

陈列各种优质葡萄酒；在码头和其他葡萄酒高流量地区，大量葡萄酒零售网点涌现，比如位于奥恰德路（Orchard Road）的"巴切斯"（Bacchus）等等。与此同时，日渐富裕的新加坡人开始频繁地到各地旅行，那些背包客们更喜欢将葡萄酒视作其饮食的一部分。

新加坡有一个葡萄酒团体，堪称在亚洲对葡萄酒最有研究。他们有一个小型的品酒团队，每周或每两周聚首一次，切磋葡萄酒品鉴技术。前德雷克特（Draycott）葡萄酒俱乐部很值得一提，它是一个与葡萄酒业有紧密联系的集团，是1980、1990年代葡萄酒爱好者探索葡萄酒文化的一盏指路明灯。媒体遇上这个热情洋溢的团体，也变得激情高涨，出版了《葡萄酒与宴会》（Wine&Dine）、《葡萄酒评论》（The Wine Review）和《亚洲的美食与葡萄酒》（Cuisine&Wine Asia）等诸多刊物。一方面，葡萄酒继续凝聚着人气；另一方面，它的主战场依旧在西餐厅——葡萄酒与当地风味的进一步联姻，尚在起步之中。

题外话：

新加坡是有才华的顶级厨师们发展的沃土。山姆•梁（Sam Leong，一位受欢迎的烹饪界人物，其父是个擅长烹饪鱼翅类佳肴的马来西亚厨师），上了电视节目美食专栏，并著书立说传扬美食。杰米（Jimmy Chok），最初来自马来西亚，慢慢在城市甲积聚了众多的拥趸。还有贾斯汀•郭（Justin Quek），他的影响不再局限于新加坡，而是传到了中国，及亚洲的其他城市。在众多粤菜、韩国料理和泰国美食的厨房中，东南亚的烹饪大师们正以极大的热情和丰富的个性，发挥着无限的想象力和创造力，成为烹饪界光彩夺目的一代宗师。

葡萄酒和新加坡美食

新加坡菜肴的浓重风味对葡萄酒搭配而言是种挑战。新加坡菜肴里不只有让舌头发麻的香料和辣椒，还有与香料和辣椒搭配使用的各种风味，比如虾干和沙丁鱼干的咸味、椰子或棕榈糖的甜味、青柠檬和酸豆的酸味。这些滋味本身很诱人，但葡萄酒的微妙味道与之相较，却着实难以出挑。然而那些对葡萄酒与美食同样热爱，又热衷试验的新加坡人，发现了一些特殊的搭配，这令他们味蕾享受，心情愉悦。

这种试验通常只在家中进行。食档集市和餐饮摊点能做出可口的当地美食，但能供应葡萄酒配餐的却非常罕见，只有少数几家开明的餐饮店提供葡萄酒和配套的酒具，比如酒杯、冰桶和开瓶器。新加坡人的幸运之处，在于他们的居所比东京或香港人要宽敞得多，因此越来越多的葡萄酒爱好者，喜欢在家宴请宾客时品饮红酒。共餐分食使人们在选用配餐的葡萄酒时争论不休，但当人们用葡萄酒来佐食本地菜肴的时候，一直试验缓和辣度（减少辣得使舌头麻木的辣椒），每次只上两三道菜，并且按照菜肴的味道，从清淡到浓重。

新加坡菜大量放糖，因此适宜配用微甜到中甜的葡萄酒，来陪衬辣味，并突出菜肴的甜度。德国雷司令、微甜的阿尔萨斯白葡萄酒和阿斯蒂莫斯卡托（Moscato d'Asti）甜白等的凉爽口感能降低口腔内温度，带来清爽口感，同时带出足够酸度以平衡食物的辣味。酒中的果味必须鲜明突出，才能与食物的强烈风味相呼应。

起泡酒是新加坡菜的最好搭档。越辣的食物越适合搭配简单的起泡酒，例如意大利普洛赛克（Prosecco）、德国起泡酒或新世界系列。如果菜肴的辣味和风味不是压倒性强烈，重酒体的香槟倒也很适合搭配。新西兰雷司令或成熟的长相思等酸味清新、香味浓郁的白葡萄酒是许多土生华人菜肴的良伴。

红葡萄酒爱好者的选择也很广泛，因为含中等单宁的果味红葡萄酒与菜肴中酱汁的厚重味道很相配。黑比诺等凉爽产区的红葡萄酒是众多新加坡美食的最佳搭配。新西兰和澳大利亚凉爽地带的黑比诺尤为出色，其鲜明的果味、适度的单宁和清新的酸味很好地呼应了咸辣菜肴。高酒精度单宁的红葡萄酒只与有限范围内的菜肴相佐，而佳美（博若莱）、多赛托（Dolcetto）等低单宁葡萄酒稍加冷藏后，能够完美搭配味道丰富的辣味菜肴。

也许没有一种酒可以搭配所有的美味，但充分运用经验法则，可以获得许许多多的葡萄酒选择。以下的建议只是葡萄酒搭配新加坡菜的基本方法，它能包容不同风格，符合本地口味的偏好。

右图：辣椒螃蟹

咸辣开胃点心

特点

- 咸辣开胃，味道相对节制。
- 通常用肉馅，也可以加入海鲜和蔬菜。
- 中油到重油，煎炸点心多。
- 喜欢用甜酱油、辣椒酱等味道很重的蘸酱。

葡萄酒搭配窍门

考量因素

- 果味浓郁的中度酒体葡萄酒可与点心馅料和蘸酱的口味相呼应。
- 高酸度的酒能凸显相对重油的食物的风味。

选择

- 中度酒体的白葡萄酒，带着成熟水果特征，散发清新可人的酸味。
- 清爽的红葡萄酒，轻度到中度酒体和单宁，水果风味突出的上佳。
- 桃红酒和传统法酿制、酒体重的起泡酒。
- 德国或阿尔萨斯葡萄酒等微甜白葡萄酒能与咸辣馅料形成鲜明对比。

建议

- **映衬菜肴风味**：勃艮第村庄级或一级葡萄园级白或红酒，中等至饱满酒体的卢瓦河谷白，格拉夫等级庄白，奥地利Smaragd级绿维特利纳，干型，Kabinett或Spatlese德国酒，下海湾酒（Rías Baixas），新世界黑比诺，无年份香槟。
- **佐餐**：干型、轻度酒体的阿尔萨斯白比诺，意大利东北部脆爽的干型白葡萄酒，优质村庄级博若莱，南法干型桃红酒，起泡酒。

禁忌

- 平淡、低酸的葡萄酒。
- 橡木味重，重单宁，或重体葡萄酒。它们会掩盖菜肴的味道。

典型菜式

炸春卷

煎蚝饼

印度带馅面包

可丽卷饼

客家酿豆腐

香辣海鲜

特点

- 使用辣椒，味烈火辣，参巴辣酱更增添酸味。
- 新鲜的海鲜食材搭配浓烈逼人的味道。
- 经常使用油炸式烹饪法，中油到高油。
- 海鲜本身清淡，需要辅以强烈的香料。

葡萄酒搭配窍门

考量因素

- 果味生动、酸度足够的葡萄酒才能对抗食物中的香料。
- 爽口度至关重要，因此冷藏过的红酒、清爽的白葡萄酒和起泡酒都是不错的选择。

选择

- 酒体轻、酸味丰富的葡萄酒以及所有种类的起泡酒。
- 富含天然浓酸味的酒类，比如雷司令和未经橡木桶陈酿的长相思。
- 凉爽气候下酿造的红葡萄酒酸度适中，最为适宜。单宁柔滑的红葡萄酒冷藏后饮用也极佳。

建议

- **映衬菜肴风味**：微甜或中等甜度的德国、阿尔萨斯和新西兰白葡萄酒，起泡酒，凉爽新世界产区、未经橡木桶陈酿的脆爽白葡萄酒，新西兰黑比诺，优质村庄级博若莱，隆河山丘村庄级酒。
- **佐餐**：桃红酒，起泡酒，起泡西拉酒，歌海娜为主的混调酒，芭贝拉，多赛托。

禁忌

- 单宁的红酒。会强化香料的风味。
- 优质葡萄酒。反而容易被香料的味道盖过。

典型菜式

参巴辣酱烤黄貂鱼
胡椒煎虾
黑胡椒炒蟹
辣椒炒蟹

典型菜式

虾汤面

辣椰奶汤面

辣鸡汤面

辣米粉

美味汤面

特点

- 食材多样，口味丰富，味道浓郁，注重质感。
- 高温烹调。
- 汤汁多样，从椰奶汤底、清鸡汤到辣汤，样样都有。
- 食材多样，采用面条、肉类、海鲜和蔬菜等多种组合。
- 普遍使用辣椒酱、酱油等各种蘸料。
- 中到高鲜度。

葡萄酒搭配窍门

考量因素

- 葡萄酒的多用途和冷藏很重要。
- 选择中等酒体、果味香浓的葡萄酒，因为食物的汤汁往往过鲜或偏辣。
- 葡萄酒冷藏后饮用更佳，可以对抗菜肴本身的味道和高温。

选择

- 口感浓厚、果香馥郁、酸度适中，中度到重度酒体的红白葡萄酒。
- 重度酒体、醇厚芬芳的白葡萄酒。能与菜肴中柠檬草、香菜等的风味相呼应。
- 菲诺雪利酒。可为汤底增加坚果的香味。
- 桃红酒或起泡酒。

建议

- **映衬菜肴风味**：菲诺雪利，隆河山丘村庄级或地区餐酒级梅鹿辄等南法红酒，新世界西拉或梅鹿辄，新西兰黑比诺，加州白芙美，阿尔萨斯重酒体白葡萄酒，年轻的孔德里约（Condrieu），香槟。
- **佐餐**：普罗旺斯丘桃红，普洛赛克、Sekt或Cremant等起泡酒，果味馥郁的新世界长相思，带有足够酸度的霞多丽。

禁忌

- 高单宁或橡木味过重的葡萄酒。它们会放大香料的味道。
- 完全成熟、口感精细、非常成熟的葡萄酒。菜肴的高温和强烈风味很容易盖过酒味。

炒菜

特点

- 相对高咸度，调料以酱油为主，高温后产生烟熏味和炭味。
- 以面条和蔬菜为主，辅以肉类或海鲜，足以果腹，但不会过饱。
- 调味料重，味浓，经常加入大蒜、切片辣椒、葱和洋葱等作料。
- 通常使用红辣椒、酱油或辣椒酱等蘸料。
- 重油。
- 鲜度适中。
- 高温烹调。

葡萄酒搭配窍门

考量因素

- 酸度适中、果香浓郁的葡萄酒能在油味调料中凸显酒味。
- 中低单宁的红酒比高单宁红酒更好，因为这类菜肴味咸，酱料中香料味浓重。

选择

- 单宁适度、酸味清新的红葡萄酒。
- 酸味清新，中到重度酒体，散发出淡淡橡木味的白葡萄酒。

建议

- **映衬菜肴风味**：新世界黑比诺，年轻的村庄级勃艮第红酒，果味型、意大利北部红酒，年轻的波尔多白葡萄酒，凉爽产区、新世界霞多丽或长相思，长相思和赛美蓉混调，加州白芙美，饱满酒体的无年份香槟。
- **佐餐**：优质村庄级博若莱，南非轻度橡木桶陈酿的白诗南，成熟的灰比诺，起泡酒，南法桃红酒。

禁忌

- 高单宁葡萄酒。
- 清淡、细致的葡萄酒。容易被菜肴盖过味道。

典型菜式

福建炒面
炒河粉（上图）
炒米线
虾酱炒通菜
炒米粉（下图）

禽菜

特点

- 中等浓度的调味料和蘸料，主要食材偏自然风味。
- 通常使用酱油为主的调味料，菜肴偏咸。
- 中到重度鲜味。
- 中等脂肪含量，菜肴通常偏肉类，但不油腻。

葡萄酒搭配窍门

考量因素

- 中度酒体的葡萄酒细腻而果味浓郁，能搭配菜肴的丰富口味。
- 一些菜肴在高盐分的同时也微甜，因此中低单宁葡萄酒非常适宜。
- 菜肴的脂肪含量要求葡萄酒必须有足够酸度。
- 成熟的葡萄酒适宜搭配高鲜度菜肴。

选择

- 中度酒体的红葡萄酒，最好有些年份，以搭配高鲜度菜肴。
- 白葡萄酒须有一定酒体来呼应菜肴。
- 重酒体醇厚的桃红酒或上等香槟是很好的选择。

建议

- **映衬菜肴风味**：果味突出、略微成熟的勃艮第酒，顶级新世界黑比诺，波尔多等级庄白葡萄酒，凉爽产区、新世界霞多丽，加州白芙美，酒体饱满的年份香槟。
- **佐餐**：优质村庄级博若莱，南法桃红酒或歌海娜混调酒，单宁适中偏低的意大利北部红酒。

禁忌

- 橡木味过于浓重的品种。会分散菜肴中细腻的鲜味。
- 轻度酒体葡萄酒。其酒味不够集中。

典型菜式

海南鸡饭（左图）

烤鸡饭

潮州烧鹅

砂锅鸡饭（下图）

典型菜式

印度羊肉汤

酸辣牛尾汤

猪骨汤

浓郁的肉汤

特点

- 文火慢炖，各种食材带来的咸鲜为主的风味。
- 高温烹调。
- 种类繁多的汤汁，如肉汤、鸡肉汤和羊肉汤。
- 浓郁的肉类食材。
- 高脂肪含量。
- 经常与米饭搭配。

葡萄酒搭配窍门

考量因素

- 菜肴的高温烹调意味着与之相配的葡萄酒必须含有清爽的特征和较低的饮用温度。
- 带有浓郁果味的饱满酒体葡萄酒可搭配口感同样丰富的菜肴。
- 西拉等辛辣类的酒可以与食物的风味相呼应。

选择

- 风味直接、酒体饱满、带有足够酸度的果味型红酒。
- 酒体饱满、芳香馥郁的白葡萄酒。
- 微甜或中等甜度的白葡萄酒。能为浓郁的菜肴增加甜味。
- 菲诺雪利、桃红酒或起泡酒。

建议

- **映衬菜肴风味**：南隆河谷红酒，成熟的隆河谷红酒，现代风格的果味型托斯卡纳红酒，凉爽产区、新世界赤霞珠或西拉，阿尔萨斯饱满酒体白葡萄酒（干或微甜型），晚收型武夫赖（Vouvray）。
- **佐餐**：隆河山丘，南法饱满酒体地区餐酒级红酒，菲诺雪利，桃红酒，起泡酒。

禁忌

- 侍酒时温度偏高的酒。因为酒的温度会在口中迅速上升。
- 精致细腻的酒。它会被菜肴的风味盖住。

Jeannie的五大精选酒款
（搭配新加坡美食）

1 南隆河谷酒

- Châteauneuf-du-Pape，Domaine du Vieux Télégraphe，法国隆河谷
- Châteauneuf-du-Pape，Château Rayas，法国隆河谷
- Châteauneuf-du-Pape，La Reine des Bois，Domaine de la Mordorée，法国隆河谷

2 勃艮第红酒

- Nuits-Saint-Georges 1er Cru Les Damodes，Domaine de Vougeraie，法国勃艮第
- Savigny Lès Beaune，Domaine Emmanuel Rouget，法国勃艮第
- Bourgogne Rouge，Domaine Méo-Camuzet，法国勃艮第

3 新世界霞多丽

- Chardonnay，Dog Point，新西兰马尔堡
- Chardonnay Mate's Vineyard，Kumeu River，新西兰奥克兰
- Chardonnay M3 Vineyard，Shaw &Smith，南澳阿德莱德山

4 西班牙白葡萄酒

- Albariño，Lagar de Cervera，西班牙下海湾
- Herederos del，Marqués de Riscal，西班牙卢埃达
- Blanco，Finca Allande，西班牙里奥哈

5 新世界起泡酒

- Brut NV Green Point，Chandon，澳大利亚维多利亚州雅拉谷
- J Schram Brut Rosé，Schramsberg，Calistoga，美国加州
- Méthode Traditionelle NV，Quartz Reef，新西兰中奥塔哥

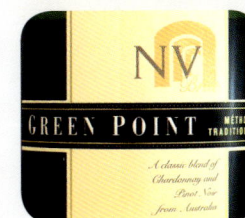

快乐是你所想的、所说的、所做的，都是和谐一致的。

——圣雄甘地

MUMBAI

孟买

第十一章

孟买

快 照

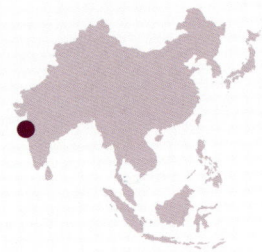

人 口： 2100万。

美 食： 以印度西部的马哈拉施特拉邦、果阿以及古吉拉特邦人的菜式为主。印度其他地区的菜式各有千秋，北部有莫卧儿菜式，东部有孟加拉菜式，南部也有自己的菜式。

招牌菜： 黄油大蒜帝王蟹，素THALI（小碟配菜系列），比亚尔尼（Biryani）菜饭，咖喱鲳鱼，香脆面，孟买鸭。

葡萄酒文化： 非常年轻的葡萄酒市场，还似一个"孩子"，国内的葡萄酒生产正蓬勃发展。

葡萄酒关税： 约250%，含葡萄酒及消费税，销售及其他税费。

文化背景

　　孟买是一个色彩斑斓、层次分明的城市。很少有城市能有如此深远广博，并令人深深着迷的千年历史。"克拉巴长堤"（Colaba Causeway）等繁忙的街道，犹如在灰色衰败的贫民窟建筑、肮脏的街道、尘土飞扬的店面所汇聚成的巨大背景上出现的几笔光鲜亮丽的色彩，令人眼花缭乱。红橙色的门、黄色的指示牌及绿松石、粉色的华美纱丽反衬着灰褐色的建筑，艳如彩虹。人们的脸异常生动：男人们有蒂拉克（额头的标记）、女人们有宾蒂（额头的朱砂），或华丽的凤仙花文身。纷繁复杂的香料，街头的简单甜点，甚至简陋的素食餐……当地美食的色彩之丰富，恐怕连画家的调色板也会望尘莫及。

　　色彩斑斓的历史文化，反映出印度在文化、哲学和宗教领域的核心地位。从国家政治到日常生活，宗教信仰始终是一个重要议题，这里是多门宗教——印度教、佛教和耆那教的孕育之地。

　　孟买地处印度中西部战略要地，南北方的影响在此交汇。一千年前，印度教历代王朝统治着那七个最后被连成孟买的岛屿。随后的统治者一直在回应全国各地的政治运动，包括14世纪时的穆斯林教徒运动。16世纪，葡萄牙在沿印度海岸设立了贸易站。最终，英国击败了法国、葡萄牙和荷兰，成为了孟买的统治者。英国政府操纵下的东印度公司统治了孟买近250年，期间孟买作为一个贸易港口，很是兴旺发达。

182页：薄暮笼罩下的孟买

上图：孟买的湖滨　右图：街头美食

19世纪初开始，印度多个地区处于英国的管辖之下，但他们的文化传统仍然保留于国家的核心结构中。19世纪中期，以印度教信徒为主的独立民族阵线形成，他们开展了争取印度独立的非暴力运动，并在1947年达到高潮。以穆斯林为主的原印度东北部和西北部地区却遭到分割，分别建立了孟加拉国和巴基斯坦国。印度最终形成了现在的28个邦和7个直辖区，每个邦和直辖区享有高度的自治权。

独立后的几十年是印度最困难的时期。国际局势紧张，矛盾冲突加剧并引发冷战，但对印度人来说，他们更多为发生在家门口的政治冲突而忧心忡忡。战后，一条人为的分界线分割了印度北部地区，数十万人被迫迁徙，要么去穆斯林为主的西北部地区，要么去印度教为主的东北部地区。喀什米尔的纷争至今尚未解决，孟加拉和东北边境处的中国，都是引发冲突的敏感地区。1998年的印度核武器试验加剧了该地区的紧张局势，一度甚至达到了顶峰。然而自那以后，两个核武器国家——印度和巴基斯坦——以发展双边贸易为基础，共同努力，维系着一个脆弱的联盟，但这一联盟还时时受到恐怖袭击。

孟买，英文原名为"Mombay"（注：美丽的海湾），1996年改为"Mumbai"（注：为脱去殖民影子而改名）。它从开始时的一个贸易港口，发展为印度的金融和娱乐中心，正欣欣向荣，茁壮成长。即便城市时时处于种族、宗教和政治矛盾的冲突之中，它依然面朝前方，坚定前行。2008年，其标志性建筑"泰姬陵皇宫酒店"和"贵族风酒店"遭恐怖袭击后，不到一个月就恢复了营业——这种坚忍不拔是这个城市旺盛生命力的源泉。

作为一个飞速发展的现代化城市，孟买充满了矛盾和极端。贫民窟遍及全市，与闪闪发光的高楼大厦和时尚餐厅形成了鲜明的对比。光鲜豪华的现代建筑掩盖了社会下层的污垢和腐败。宝莱坞的华贵之人在豪华住宅里订购美酒的费用，远远超过一个普通服务员全年的收入。而类似艺术品的那些精致美食，却是由那些每天仅1美元生活费的人们创造的。人们一方面惊叹孟买那令人难以置信的创造力，同时也为贫富差距的惊人悬殊而心痛不已。有多少美丽和希望，就会有多少贫乏和穷困。

美食和餐饮文化

民族之庞大导致了烹饪文化之复杂。从一开始，人们就从饮食的角度将国家划分了区域，但由于对美味佳肴共同的热爱，很多区分又可以合而为一。在孟买，"西部的印度人"、"孟买"或"马哈拉施特拉人"（Maharashtrian）料理，这些词汇都源自众多的餐饮文化；如果要给它们一个准确的定义，恐怕编撰一整本书也不为过。孟买位于印度西海岸中心，同时与其他6个邦接壤，从北部的古吉拉特邦，一直到南部的果阿和卡纳塔克邦。它们都有自己独特的烹饪传统，而孟买能兼收并蓄。马哈拉施特拉邦地域广阔，气候多变，地形复杂，作为其首府，孟买容纳了自己邦内的多种饮食文化，从沿海的热带气候和肥沃土壤，到德干高原的干旱和贫瘠，不同的饮食传统在这里都能寻觅到自己的芳踪。

马哈拉施特拉邦餐饮文化史的源头可追溯至几千年前的统治者们。早在二千多年前，这个城市在佛教徒的影响下，几乎不食肉，谷物主宰着人们的三餐。素食主义的信念在人们的灵魂深处撒下了种子。在印度南部，强大的印度教认为，从6世纪到14世纪，马哈拉施特拉邦深受他们的影响。直至今天，印度仍然有着世界上最大的素食族群。

接着，穆斯林帝王们带来了丰富的肉类与水果炖品，带来了坚果，带来了对甜品的热爱。1534年孟买曾被割让给葡萄牙，此后在葡萄牙统治下长达130余年。1661年，英国国王查尔斯二世迎娶葡萄牙布拉甘萨公主凯瑟琳时，孟买作为公主的嫁妆送给了英国。19世纪，包括马哈拉施特拉邦和孟买在内的印度大部分地区都在英国的统治之下。

丰富的烹饪传统沉淀于这个城市的历史中。当时盛行的印度教，其影响反映在了许多素食餐馆里。莫卧儿饮食在孟买人中广为流行，越来越多的优雅场所开始专门制作莫卧儿美食，比如烤羊肉串、比尔亚尼菜饭和文火慢熬的稠咖喱等——许多人认为这是印度料理中最为出彩的一章。

印度西海岸美食和葡萄酒搭配一览表

基本风味		葡萄酒的考量因素			味觉	
• 咸	●●●●○	• 糖	干或微甜		• 厚重／浓郁度	●●●●○
• 甜	●●●●○	• 酸	●●●○○		• 油腻	●●●○○
• 苦	●○○○○	• 单宁	●●●○○		• 质感	●●●○○
• 酸	●●●●○	• 酒体	●●●●○		• 温度	●●●○○
• 辣	●●●●○	• 口感浓郁度	●●●○○			
• 鲜	●●●●○	• 口味质感	●●●○○			
• 风味浓郁度	●●●●○				低 ●●●●● 高	

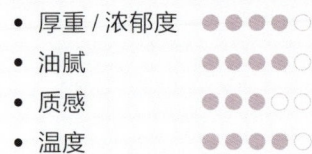

右图：当地烤饼师

孟买的饮食传统中也汲取了众多邻邦的特色。果阿的酸辣肉（Vindaloo）和辣咖喱鱼王很受欢迎。康坎海边有着丰富的海鲜美食，包括橙色的咖喱鲳鱼等。"特丽莎娜"（Trisha）、"马赫什午餐之家"（Mahesh Lunch Home）这样的餐馆以新鲜的海鲜而闻名，它们是印度西部沿海饮食文化的代表。古吉拉特有门类繁多的素食餐，"塔卡·博加纳雷"（Thaker Bhojanalay）等顶级餐馆珍藏着50多年前的独门秘方。

南部安德普拉德邦秉承海德拉巴饮食文化，其浓稠肉汁和慢煮食物是印度皇室众多美食中的一种。邻近的卡纳塔克邦（Karnataka）对其影响表现在多彩的蕉叶餐中，它以米饭为主，辅以蔬菜咖喱，煮熟的豆类，精细刀功下的蔬菜以及酸辣酱。素食者和非素食者均很适宜。

孟买几乎囊括了周边所有主要的美食，包括主食中各地区不尽相同的米饭和面包。在孟买，你不得不承认咖喱这个词是多么地寻常，它们采用多味香料用独特的方法混合而成，具有从温和到辛辣的多种风味。

1990年代早期，城市餐馆的风貌发生了戏剧性的变化。如今，快餐店和街头摊档已成为餐饮主流，但印度快餐与富含脂肪的西式快餐截然不同。数以千计的小吃点心吧（dhaba）和休闲餐厅能提供健康的印式中饭（tiffins）或午餐盒饭，不过还是以素食为主的小吃更美味。"巴德米亚"（Bademiya）等街头美食店昼夜忙碌，还是供不应求，人们常常坐在自己的车上吃着小吃，因为街边的位置总是坐满了人。

当休闲餐馆和街边小摊档数量已增至上万，孟买中高档餐馆的发展就受到了极大制约。随着经济的繁荣，一种装修时尚，借鉴了当地饮食元素的新生代餐馆诞生了，它迎合了日益增多的白领的需求。"靛青餐厅"（Indigo）和"四季酒店"（San Qi）里的"圣齐"就是这类新生代餐厅的典范。精致优雅的餐厅过去只在泰姬陵酒店和贵族风酒店等少数几家五星级酒店才有，如今随着五星级酒店数量的增加，优雅餐厅的数量越来越多。

题外话：

通常孟买的每日饮食全是现做的小菜。宫廷菜和精致的美食由多道菜组成，但它们通常只在特殊场合提供。而厨中贵人——泰姬陵皇宫饭店的行政总厨等引领潮流的厨师们则相信，分食制的"盘装的印度餐"比大锅里的共享更好，觉得它们会受到更多欢迎。的确，这给每位消费者提供了更多的食物选择机会。现在，厨师们利用控制火候、把握香料用量以突出食材自然鲜美的理念，已越来越成为一种趋势。

料　理

　　孟买的当地饮食通常指印度西海岸或马哈拉施特拉邦的菜式。虽然它们都是从广义而言，但孟买坐落于印度西海岸，又是马哈拉施特拉邦的首府，饮食文化毕竟息息相关。经外来打工者、外籍居住者和热衷旅游的当地人的传播，在孟买极受欢迎的菜式通常来自印度许多其他地方。孟买人的家庭用餐方式很大程度上取决于他们的宗教信仰、文化背景和家庭习惯。外出用餐现在很流行，人均不到1美元就能享用到各式美味。

　　在西部沿海，人们喜欢用本地方法烹饪海鲜。帝王蟹、珍宝虾、龙虾，当地的鲳鱼或鱼王都极其新鲜，只需简单烹饪后蘸上点黄油、蒜泥，或者撒上胡椒面、辣椒粉等，美味就堪比御膳。海鲜主要在泰姬陵总统酒店的康坎咖啡馆（Konkan Café）等餐馆供应，这里的海鲜喜欢用一种橙色而微辣的咖喱酱焖烧而成。孟买鸭是大家都欢迎的一道菜，但有词不达意之嫌，因为所谓的"鸭子"其实是油炸过的干鱼。

　　马哈拉施特拉邦的饮食包括西海岸饮食和受欢迎的内陆饮食，诸如瓦拉迪（Varadi）菜式。在这里，主要食材由海鲜和新鲜的椰子，换成了鸡肉、羊肉及各类蔬菜。罗望子是一种重要的调味品，甜中带酸，有时咖喱小菜中也常有用到。沿海一带的人们还喜欢在烹饪中配上花生、腰果等各类坚果，他们更喜欢用椰丝，而不是新鲜椰子。总之，马哈拉施特拉邦的饮食不管是出自东部还是西部，都被认为是很符合健康理念的，品相也精美。在那里，油炸食物极为少见，食物大多或蒸或煎。香料的使用也很有节制。

　　除了马哈拉施特拉邦和西部沿海地区的饮食外，印度其他地方的菜系也极受欢迎。印度南部的美食或辣或酸，那是罗望子与椰子交融后的口味，其中蕉叶饭最受孟买人追捧。印度南部各邦的饮食很著名，有大米粉薄饼（dosas）或酒酿蛋糕（idlis），通常与蔬菜炖品和新鲜的酸辣酱（sambar）一同食用，在全孟买都有供应。在邻邦安德普拉德，海德拉巴的用

印度北部美食和葡萄酒搭配一览表

基本风味		葡萄酒的考量因素		味觉	
• 咸	●●●●○	• 糖	干或微甜	• 厚重 / 浓郁度	●●●●●
• 甜	●●●○○	• 酸	●●●○○	• 油腻	●●●●○
• 苦	●●○○○	• 单宁	●●●●○	• 质感	●●●●○
• 酸	●●●○○	• 酒体	●●●●○	• 温度	●●●○○
• 辣	●●●●○	• 口感浓郁度	●●●●○		
• 鲜	●●●●○	• 口味质感	●●●○○		
• 风味浓郁度	●●●●◐			低 ●●●●● 高	

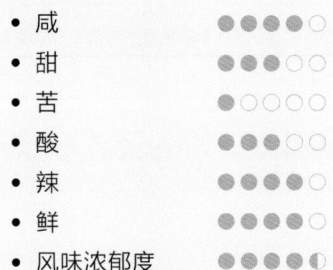
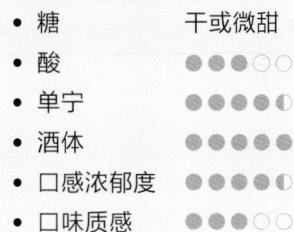

右图: 香料市场

烤箱烤制的比尔亚尼菜饭是菜单上最受欢迎的食物。在果阿,带点葡萄牙风格的酸辣肉(vindaloo)极受人们喜爱。喀拉拉邦的椰子味酸辣鱼,也有众多的饕餮客知音。

印度北部的美食也不错,它们在孟买的高档餐厅和高级饭店里有了越来越多的拥趸。印度北部的主食是小麦而非大米,更多使用肉类食材,这便带来了更加多彩的风味。印度南部的美食被称为"安慰的食物",主要在休闲餐馆和街头摊档享用;印度北部的美食适合所有类型的餐饮场所。在街头,你能买到来自拉贾斯坦邦的面食小吃——油

炸过的印度咸黄豆,全麦面包,印度饼及小麦面包。许多餐馆都供应莫卧儿菜肴,这是一种宫廷菜,其唐多里烤鸡肉(Tandoori)、烧烤串(Rebabs)和辣肉丸子(Roftas)等多例佳肴是印度人最喜爱的美食之一。

强大的素食文化是孟买各大美食的聚焦点。不管是全素还是半素,每个餐饮场所都能享用到各种各样的蔬菜佳肴,各种风味丝丝入扣,不同纹理层层叠叠。印度的素食群体庞大,以至于孟买几乎各式餐馆都备有素食,甚至还有单独的素食菜单。即使是一份肉类菜,所配之蔬菜在量上也与肉食旗鼓相当。

印度南部美食和葡萄酒搭配一览表

基本风味

- 咸　　　　●●●●●○
- 甜　　　　●●●●○○
- 苦　　　　●○○○○○
- 酸　　　　●●●●○○
- 辣　　　　●●●●○○
- 鲜　　　　●●●○○○
- 风味浓郁度　●●●●○○

葡萄酒的考量因素

- 糖　　　　干或微甜
- 酸　　　　●●●●●○
- 单宁　　　●○○○○○
- 酒体　　　●●●○○○
- 口感浓郁度　●●●●●○
- 口味质感　　●●●○○○

味觉

- 厚重/浓郁度　●●●○○○
- 油腻　　　　●●●○○○
- 质感　　　　●●●○○○
- 温度　　　　●●●○○○

低 ●●●●● 高

饮料和葡萄酒文化

作为世界上最大的茶叶生产和出口国之一，茶文化已在印度相当成熟，并深深植根于他们的餐饮文化中。其主要产茶区是阿萨姆、东北部的大吉岭，以及南部的尼尔吉里山。印度的"柴"（即茶）看上去与中国茶或英国茶并无相似之处。印度茶呈深红色，近乎黑色，饮前先要加入比水还多的起泡牛奶和大量的糖，才能品出它的妙处。许多印度人在客人第一次去他们家做客时，会备上红茶以示欢迎。红茶是这个民族的大众饮料，几乎在每个街角、茶摊、小吃摊和餐馆里都有供应。如果在红茶中加入些生姜或豆蔻之类的香料，口感会更加火辣刺激。

咖啡在印度也很受欢迎，印度南部各邦曾因当年英国东印度公司的商业行为而大量种植咖啡，比起其他各地来，他们对咖啡情有独钟，享用起来也是津津有味。在南方，人们喜欢印度的黑咖啡，饮用时加入大量牛奶和糖；但在北方，富人们更欣赏欧洲式的清咖啡。

饮料方面，鲜果汁和牛奶制作的饮料备受赞赏。品种丰富的鲜果汁覆盖了整个印度，其中尤以芒果汁、菠萝汁、西瓜汁、酸橙汁和椰子汁为最。就像其他的饮料一样，在果汁中加入些许盐或是糖，也属正常。牛奶制作的饮料则可甜可咸。"拉西"（Lassi）是一种相当受欢迎的酸奶，饮用时可加盐或糖，或者两样都加。如同茶、咖啡和果汁那样，饮用"拉西"时也可加入香菜、薄荷、豆蔻和番红花等香料来调味。

当地的阿拉克烧酒（Arrack）等酒精饮料是用椰子树的汁液经蒸馏、过滤后酿制的，特别受男士欢迎。价廉物美的当地产威士忌充斥市场，同时还有几种用鲜花、大米和椰子等本地原料酿制的烈酒。葡萄酒已经在孟买等主要城市流行开来。千禧新年伊始，葡萄酒消费开始大幅度增长，2004年开始更是每年以两位数的速度递增。

孟买人通常可以最先品尝到葡萄酒新品。这要归功于过去十年里诞生的大批酒厂，这些酒厂大多位于纳西克谷（Nashik Valley），离孟买非常近。从孟买出发仅40分钟航程或几个小时车程，就可以将你带到那些葡萄酒旅游观光胜地。在那里，30多家酒厂依郁郁葱葱的翠绿山谷而建，在不同的海拔高度都可出产各式葡萄酒。"苏拉"（Sula）等设备完善的印度酒厂致力于宣传、推广和鼓励葡萄酒文化。葡萄酒旅游业的利润已初露端倪，以至于酒厂已开始经营起餐馆甚至旅店来。

对孟买的葡萄酒爱好者来说，马哈拉施特拉邦实施的葡萄酒高关税对当地酒文化的推行起着消极作用。这里的葡萄酒进口关税高达400%，其中包括200%的消费税。但在新德里，是以进口商品的数量而不是价值为标准，使得价格不菲的葡萄酒消费比在孟买便宜很多。与美国各州情况相似，印度将近30个邦及直辖市都执行包括葡萄酒关税在内的本地政策。但即便对当地的葡萄酒生产商而言，各邦不同的税制和管理，也使销售到本邦之外的商品遇到后勤和行政方面的障碍。

上图：豆蔻酸奶（Lassi）

葡萄酒和印度菜

用葡萄酒来搭配印度菜肴，具有额外的难度，还不只是风味的协调那么简单：侍酒的环境、当地的饮食习惯都是需要考量的因素。与香港、新加坡等地不同，空调在孟买被视作奢侈品，许多餐馆甚至酒店都没有合适的条件储藏葡萄酒，葡萄酒只能在27-30℃的"室温"下被享用。在这种情况下，超过1年的白葡萄酒就会呈现出金棕色，并得不到正确的储藏。葡萄酒被视作仅供富有阶层享用的高档饮料，价格不菲。

另一个来自文化方面的挑战是用手进餐的习俗，这使手持葡萄酒杯变得困难而麻烦。虽然有时可以使用器皿，但这个习俗在印度饮食文化中已根深蒂固。

与亚洲其他主要国家相似，共餐是孟买基本的饮食模式，各种不同的菜肴都在同一时间上桌。调味料十分丰富，并可不时增加鲜味、辣味、甜味等新鲜的滋味元素。大多数印度菜的风味大胆，且十分浓郁；如果菜肴过于清淡，当地人会毫不犹豫地加入浓郁的腌汁、火辣的辣椒片，以及其他风味强劲的调味料。葡萄酒的作用常常是佐餐，而非映衬菜肴风味。美味佳肴通常已经足够完美，风味已经非常浓郁和谐，葡萄酒很难再有什么出彩的动作；不过，一些具有革新

精神的厨师们推出了一种"分盘"的饮食方法，即每个人面前一个盘子，里面盛装着米饭、面包或其他按人头分好的咖喱等小碟食物。这种分食方式客观上促进了葡萄酒与食物的搭配，因为能使配餐风格变得更为灵活。

对葡萄酒爱好者来说，这并非意味着葡萄酒一点也不适合与印度菜搭配，而是不要对此寄予太高的期望。只要意识到没有一款酒能与一餐中的每个菜肴都完美搭配，而是只与其中的一部分相合，那么那些绝妙的、意想不到的组合就能为葡萄酒爱好者们带来乐趣。为印度菜配餐时，你可以挑选一种以上的酒，这虽然有些奢侈，但通常是搭配亚洲菜的最佳方法。另一个方法则是有选择地在每一口菜肴的间隙品尝美酒——对印度菜来说，每一口也许比每道菜更能体验不同的风味；也意味着对大多数印度菜来说，最优质和最细腻的葡萄酒最好留给"下一口"品尝到的菜肴。

印度菜的分类主要包括北方菜、南方菜和西部菜。虽然地区存有差异，但其主要菜肴通常被定位成流行风味组合的典范，其结果就是导致菜肴会有重复，甚至会在同一时间被端上桌。你可以把接下来的葡萄酒配餐建议作为探索葡萄酒与孟买不同美食搭配的起点。

题外话：

在世界各地，食物通常不可避免地与宗教联系在一起；在印度，这种现象更为明显，且情况更加复杂。的确，一个人的宗教和信仰常常深深地植根于其日常饮食中。宗教的差异，虔诚度的不同，种姓和亚种姓制度以及地理位置、气候的区分都会影响一个人的饮食。比如，婆罗门人是绝对的素食者，但克什米尔人却可以吃肉。印度教徒不吃牛肉，不沾酒精、洋葱和大蒜。耆那教徒是严格的素食者，并且不食用蜂蜜、绿色蔬菜以及胡萝卜、土豆、洋葱等根茎类蔬菜。

典型菜肴

蔬菜什锦咖喱炸菜球（上图）
印度米豆粥/饭
炖黑豆（下图）

西印度素菜

特点

- 食材多样，风味浓郁。
- 辛辣度适中，米饭和印度薄饼是其主食。
- 许多菜肴都会加入各种豆子和淀粉类蔬菜。
- 咸腌菜和辛辣的辣椒等调味料很常见。
- 中等鲜味。

葡萄酒搭配窍门

考量因素

- 即使调料比较温和，印度菜入时口仍会带来强烈的刺激感，因此与之配餐的葡萄酒需要带有足够的果味。
- 中等质感的葡萄酒才能与油腻而不厚重的菜肴搭配。
- 红酒比较适宜搭配富含淀粉且酱汁浓郁的菜肴。

选择

- 风味直接、中等酒体的果味型红酒或白葡萄酒。
- 酒体饱满、口感清爽、芳香馥郁的白葡萄酒。能够去除菜肴的辛辣味。
- 桃红酒和起泡酒灵活性较高，也十分合适与印度菜相配。

建议

- **映衬菜肴风味：** 新旧世界果味型黑比诺，隆河山丘中等酒体村庄级酒，成熟、果味突出的新世界长相思或赛美蓉长相思混调，阿尔萨斯中等至饱满酒体白葡萄酒，奥地利或德国成熟雷司令，年轻孔德里约（Condrieu），香槟。
- **佐餐：** 法国南部桃红酒，世界各地的起泡酒，村庄级博若莱。

禁忌

- 温暖产区饱满酒体的酒。这些酒过于厚重，酒精度高且缺乏必要的酸度。
- 风格平实而收敛的葡萄酒。其韵致会被菜肴的风味淹没。

西海岸印度海鲜

特点

- 辛辣程度各异，从温和到刺激各种程度都有。菜肴的质感通常不会过于厚重。
- 海鲜的细腻质地与大蒜、咖喱叶等调味料的刺激形成鲜明对比。
- 中油至重油，食材通常经过油炸，并加入含有椰汁、酥油或黄油的酱汁。
- 鲜度中等。

葡萄酒搭配窍门

考量因素

- 葡萄酒需带有活跃的果味和紧实的单宁，这样才能与菜肴的辛辣匹配，并有效去除油腻。
- 只要有足够的果味，红、白葡萄酒皆可。
- 辛辣的食物需要搭配冰镇的红酒、清爽的白葡萄酒或起泡酒。

选择

- 凉爽产区的中等酒体红酒。
- 带有活跃果味的轻度至中等酒体白葡萄酒。
- 雷司令或未经橡木桶陈酿的长相思等天然酸度较高的葡萄酒与海鲜类菜肴搭配，十分理想。
- 橡木桶陈酿的霞多丽可搭配加入黄油的海鲜。

建议

- **映衬菜肴风味**：德国或阿尔萨斯微甜或干型白葡萄酒，新西兰或其他凉爽产区的霞多丽，传统法酿制的起泡酒，未经橡木桶陈酿、凉爽新世界产区的脆爽白葡萄酒。
- **佐餐**：桃红酒，起泡酒，意大利北部轻度酒体白葡萄酒，优质村庄级博若莱，年轻或成熟年份的隆河山丘红酒，果味型黑比诺。

禁忌

- 高单宁红酒。会加重食物的辛辣气息，并破坏海鲜的精致质感。
- 肥腻、松散、缺少足够酸度的葡萄酒。

典型菜肴

椰香咖喱鱼（上图）

龙头鱼

咖喱虾（下图）

黄油蒜香帝王蟹

肉类为主的莫戈拉/本杰比（Mughlai/Punjabi）

特点

- 由大蒜、香菜、生姜、辣椒、孜然和印度辛香料等组成的蘸酱辛辣味较重。
- 菜肴的蛋白质含量高，从风味较淡的白肉到浓郁的羊腿、羊肉等都有。
- 鲜味重。这主要取决于辛香料的使用。
- 脂肪含量高。
- 经常用调味料来平衡菜肴的浓郁口感，如新鲜黄瓜片、洋葱、薄荷酸奶或腌菜等。面包和扁豆浓汤通常也是正餐的一部分。

葡萄酒搭配窍门

考量因素

- 红酒的浓郁风味能与加入了许多辛香料和草本调味料的肉类菜肴匹配。
- 白葡萄酒缺少必要的单宁来平衡菜肴中的蛋白质和浓郁口感，因此大多数都不适合。

选择

- 果味集中，单宁紧实的饱满酒体红酒。
- 来自意大利或南部法国的中等酒体红酒。

建议

- **映衬菜肴风味**：成熟罗蒂丘或赫米塔希，波尔多右岸酒，成熟的教皇新堡，布鲁耐罗·蒙塔尔奇诺（Brunello di Montalcino）等托斯卡纳红酒，成熟的新世界凉爽产区西拉或赤霞珠混调酒。
- **佐餐**：成熟的隆河山丘村庄级，阿里亚尼考（Aglianico）或普里米蒂沃（Primitivo）等意大利南部红酒，法国南部的西拉歌海娜或慕合怀特混调酒（SGM），澳洲西拉歌海娜慕合怀特混调酒（SGM）。

禁忌

- 轻度酒体或中性葡萄酒。会被菜肴的质感盖住。
- 轻度至中等酒体白葡萄酒，风格收敛的较精致的酒。

典型菜肴

Tandoori 烤鸡（左图）

印度咖喱鸡

烧烤串

黄油鸡

咖喱羊肉（下图）

典型菜肴

蔬菜咖喱

牛奶煮辣米饭（上图）

椰香蔬菜咖喱

土豆米饼（下图）

印度南部素菜

特点

- 浓烈的调料带来浓郁的风味。经常用到辣椒、酸辣酱、各类香料和酸豆等酸味食材。
- 质地通常比较细腻。经常使用土豆和其他根菜等淀粉含量较高的食材。
- 中油。
- 鲜度适中。

葡萄酒搭配窍门

考量因素

- 许多菜肴含有酸豆、生芒果和酸莓带来的酸味，所选葡萄酒必须带有紧实的酸度。
- 轻度至中等酒体的葡萄酒能够与风味浓郁，但质地不厚重的菜肴形成完美呼应。
- 果味突出的酒才能与调料和辛香料的浓郁风味匹配。
- 单宁偏低或适中的红葡萄酒才能与风味浓郁的酸辣菜肴搭配。

选择

- 脆爽酸度、带有轻微橡木桶气息的葡萄酒。
- 脆爽酸度、少单宁的轻度至中等酒体红酒。

建议

- **映衬菜肴风味**：凉爽产区、新世界霞多丽或长相思，长相思与赛美蓉混调，干型、中等酒体的阿尔萨斯白葡萄酒，新世界黑比诺，年轻的村庄级勃艮第红酒。
- **佐餐**：南非轻微橡木桶陈酿的白诗南，成熟的灰比诺，起泡酒，南法桃红酒，博若莱村庄级。

禁忌

- 高单宁红酒。这类酒会加重辛辣味；此外食物中的酸味会破坏葡萄酒的果味。
- 过于精致的葡萄酒。这类酒的风味很容易被盖住。

印度南部特色菜

特点

- 使用各类辛香料和调味料，风格浓郁强烈，通常搭配米饭。
- 风味五花八门，微辣的扁豆浓汤，咸味、辛辣味和酸味突出的菜肴可在同一时间被端上桌。
- 酸辣酱、腌酸菜、蘸酱等各类调味料很常见。
- 中油。
- 低鲜。

葡萄酒搭配窍门

考量因素

- 菜肴浓郁的辛辣和酸涩风味要求葡萄酒带有紧实的酸度。
- 中等酒体的葡萄酒与不是很厚重的菜肴在质感上很搭调。
- 果味型葡萄酒与菜肴浓郁的辛辣气息十分匹配。

选择

- 脆爽酸度、果味浓郁的中等至饱满酒体白葡萄酒。
- 单宁适中、果味浓郁的轻度至中等酒体红酒。

建议

- **映衬菜肴风味**：琼瑶浆、雷司令和麝香葡萄等阿尔萨斯芳香品种，凉爽产区、新世界霞多丽或成熟的长相思，微甜型的德国雷司令，新世界黑比诺，果味型隆河山丘，成熟、现代风格的托斯卡纳餐酒。
- **佐餐**：成熟索阿维酒或灰比诺，起泡酒，干型或微甜型的桃红酒。

禁忌

- 高单宁红酒。这类酒会加重菜肴的辛辣味，此外食物的酸味会破坏葡萄酒中的果味。
- 过于精致的葡萄酒。这类酒的风味很容易被盖住。

典型菜肴

咖喱鲑鱼（上图）

酸辣蔬菜咖喱

酸辣肉丸汤（下图）

蕉叶饭配咖喱

Jeannie的五大精选酒款
（搭配印度菜）

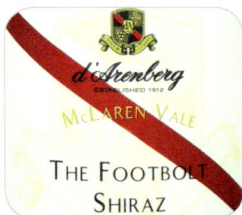

1

新世界西拉

- The Footbolt Shiraz，D'Arenberg，南澳迈拉仑维尔
- Shiraz，Peter Lehmann，南澳布诺萨谷
- Shiraz，Clonakilla，Canberra District，新南威尔士

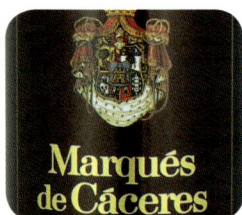

2

里奥哈红酒

- Gran Reserva，Marqués de Cáceres，西班牙里奥哈
- Alion，Bodegas Y Vinedos Ailon，西班牙多罗河岸
- Castillo Ygay，Marqués de Murrieta，西班牙里奥哈

3

新世界梅鹿辄

- Merlot，L'Ecole No.41，美国华盛顿州哥伦比亚谷
- Church Block，Wirra Wirra，Mclaren Vale，南澳迈拉仑维尔
- Merlot Winemaker's Lot，Concha Y Toro，智利拉贝尔河谷

4

旧世界饱满酒体白葡萄酒

- Pinot Gris Clos Windsbuhl，Domaine Zind Humbrecht，Haut Rhin，法国阿尔萨斯
- Châteauneuf-du-Pape Blanc，Château de Nerthe，法国隆河谷
- Condrieu，Yves Cuilleron，法国隆河谷

5

新世界长相思赛美蓉

- Sauvignon Blanc Semillon，Cullen，西澳玛格利特河
- Sauvignon Blanc Semillon，Cape Mentelle，西澳玛格利特河
- Semillon Sauvignon Blanc，Stella Bella，西澳玛格利特河

右图：咀嚼类的小吃，在饭后吃可以清新口气

葡萄酒术语表

白葡萄酒:

阿芭瑞诺(Albariño/Alvarinho)　在西班牙被叫作 Albariño,葡萄牙人则称其为 Alvarinho。轻度酒体,高酸度。较凉爽的葡萄牙绿酒产区的阿芭瑞诺带有青苹果或柑橘的风味,而较温暖的西班牙下海湾酿制的阿芭瑞诺则带有明显的香料和桃子的气息,和维欧尼有些相似。有时候,年轻的阿芭瑞诺品尝起来会带有类似碳酸饮料的麻刺感,口感清爽。该葡萄酒搭配海鲜和粤菜十分理想。

霞多丽(Chardonnay)　风格多变的白葡萄品种,可以在各种气候条件下酿制出风格各异的优质白葡萄酒。凉爽产区的霞多丽是带有高酸度和轻微绿色植物气息的脆爽葡萄酒,较温暖产区的霞多丽则带有更多核果或成熟的热带水果等异国水果的特征。酒体和酒精度的差异也十分明显,风格从单薄的轻度酒体到高酒精度的饱满酒体都有。霞多丽在酒庄里的表现也十分多变,桶中发酵、酒泥搅拌、橡木桶陈酿等不同的酿酒技术会改变它的风格。该品种的葡萄在世界各国的主要产区都有种植。

白诗南(Chenin Blanc)　这种白葡萄酒酸度脆爽,带有从柑橘到苹果的各种风味。有朴实的干型,层次复杂、矿物气息突出的微甜型和具有长期窖藏潜力的甜型。在南非和加州,这种葡萄多用来酿制适合早期享用的简单酒,法国卢瓦河谷的优质白诗南则具有不俗的陈年潜力,高酸度使其搭配奶油白调味汁甚至辣味食物都十分理想。

白芙美(Fumé Blanc)　1970 年代,加州的 Robert Mondavi 给长相思重新命名为白芙美,　橡木桶陈酿是该类酒的标志性特点。桶中发酵以及之后的橡木桶陈酿使原本单薄的酒体变得厚重。有时,赛美蓉会被加入做成混调酒。这些酒与各类中度质感的亚洲菜肴搭配甚为理想,因为它带有足够的酸度、足够厚重的酒体,与菜肴的浓郁风味十分匹配。具体可参见"长相思"部分。

琼瑶浆(Gewurztraminer)　辛辣气息突出、芳香馥郁。法国阿尔萨斯酿制最优质的干型和甜型琼瑶浆,因为那里的气候能够让葡萄缓慢地成熟,保持浓郁的香气,从而酿制出层次复杂的葡萄酒。

绿维特利纳(Grüner Veltliner)　奥地利种植最为广泛的葡萄品种,在欧洲等其他地区也有种植。最优质的绿维特利纳随着不断陈年会带有类似特级夏布利酒的特征。该品种酿出的酒带有白胡椒和柑橘的细微香气,酸度高,因而十分适合与食物搭配。它很百搭,与点心、天妇罗和一系列油炸食物搭配的效果颇为理想。

玛珊(Marsanne)　十分高产的葡萄品种,能够酿制出饱满酒体、高酒精度、带杏仁糖浆、干草本风味(有时还会带有花香)的葡萄酒。该品种的葡萄种植如今已超过了胡珊(北隆河谷常见的混调品种)。玛珊是隆河谷公认的主要白葡萄品种,虽然在亚洲它的认知度还有待提高,但其草本气息和饱满酒体很适合与韩国和台湾菜肴搭配。

麝香葡萄(Muscat)　麝香葡萄拥有众多的克隆和变异品种,但都有浓郁的葡萄香气。阿尔萨斯酿制出色的干型麝香葡萄酒。甜型麝香,无论加强与否都种植在较为炎热的地中海气候地区。最简单的麝香酒体清淡,带有浓郁的葡萄、桃子和花香的气息,适合在年轻时饮用。甜型麝香可以做成加强酒,其中最优质的来自法国南部。这些甜酒搭配黄豆或芝麻糕十分出色。

密斯卡岱(Muscadet)　可与生蚝和生鱼片完美搭配的中性白葡萄酒。最优质的密斯卡岱会带着酒泥一直到次年春天,这样酿制出的酒带有额外的深度和圆润的中段口感。该葡萄品种产区位于法国卢瓦河谷的最西部。

白比诺(Pinot Blanc/Pinot Blanco)　广泛种植于意大利、阿尔萨斯、德国和奥地利的葡萄品种。在奥地利和意大利,它通常用来酿制轻盈、沁爽的起泡酒或平静酒。酒体稍加饱满的白比诺与霞多丽十分近似,是理想的百搭配餐酒。奥地利生产的 Trockenbeerenauslese 级酒等甜型白比诺由感染贵腐霉的白比诺葡萄酿制而成。

灰比诺(Pinot Gris/Pinot Grigio)　可酿制出新鲜、脆爽、略带香气葡萄酒的白葡萄品种,品质通常一般。最出色的灰比诺带有草本和柑橘的气息,口感浓郁,酒体饱满,例如法国阿尔萨斯的灰比诺。风格较浓郁的灰比诺带有一丝辛辣气息,能够带出印度菜肴的辣味。

雷司令(Riesling) 　芳香馥郁、天然高酸度的葡萄品种。凉爽产区的雷司令带有花香以及柑橘、苹果的水果气息；较温暖产区的雷司令以酸橙气息为主，夹杂着热情果和核果的香气。雷司令被誉为最清透的葡萄品种之一，因为最好的雷司令能够很纯粹地诠释产地，特别是气候和土壤的特征。该葡萄品种酿制出的酒风格多样，主要产区集中在凉爽的地带，例如德国、奥地利、法国阿尔萨斯、新西兰和澳大利亚。从酒体各异（单薄或饱满型）的干型到不甜和甜型的风格皆有，它所带有的脆爽酸度和灵活性使其成为了众多亚洲菜系最可靠的伴侣。

胡珊(Roussanne) 　优良的胡珊克隆版本吸引了南部法国和加州的众多种植商，因为该品种能够酿制出细腻且有窖藏潜力的酒。该品种酿出的酒带有突出的草本气息，为北隆河谷常见的玛珊和胡珊混调酒增加了芳香。

长相思(Sauvignon Blanc) 　广泛种植于波尔多、卢瓦河和新西兰等地的最为流行的国际性品种，能够酿制出脆爽清新、带草本气息的葡萄酒。它可以轻盈且口感淡雅，也可拥有饱满酒体，经过桶中发酵和陈酿。前者通常产自凉爽地区，并能与从孟买到东京的各类菜肴中的海鲜搭配。酒体较饱满的长相思质地更浓稠，并且带有与法国卢瓦河地区普依芙美酒十分相近的燧石和粉笔的气息。在波尔多，长相思通常会与赛美蓉混调，这样酿制出的酒既带有一定的酒体，又保留了酸度，很好配餐，能与许多肉类菜肴搭配享用，例如川味鸡肉菜肴或泰式猪柳。

赛美蓉(Semillon) 　除了澳大利亚，很少有单独用该品种酿制的酒。质地有些许的油腻，带有柔顺的果味，因而常与霞多丽混淆。能够酿制顶级干型和甜型酒。在猎人谷，早收的赛美蓉能酿制出可陈年几十年之久的诱人葡萄酒。与长相思混调后会增加酒体，比如波尔多干型白葡萄酒。如果被酿制成晚收型葡萄酒，它会散发出层次复杂且浓郁的香气，其中最出色的要属波尔多的苏特恩酒。

索阿维(Soave) 　产于意大利东北部维纳图的知名葡萄酒。由 Gar-ganega 葡萄酿制而成，会加入很少比例的霞多丽做成混酿。大多数的索阿维轻盈，口感清爽，带有精致的干草本和坚果的气息。容易入口且百搭的酒，很讨喜。

棠比内洛(Trebbiano) / 白玉霓(Ugni Blanc) 　棠比内洛在意大利各地（除了不利于葡萄完全成熟的北部地区）均有种植，因其朴实的特点，通常被用来与其他带有更多诱人果香的本土品种混调，例如 Gre-chetto, Malvasia 和 Verdello。该品种收敛、中性的果味特征在搭配许多亚洲菜肴的时候颇占优势，因为对一些风味辛辣的菜肴来说，葡萄酒只起陪衬的作用。

青葡萄(Verdejo) 　西班牙卢埃达地区的传统葡萄品种，酿制出的酒带有细微的果香，优雅且果味清爽。通常与长相思混调，并与后者脆爽的酸度和轻盈的酒体相呼应。与长相思一样，青葡萄也是百搭的品种，与许多海鲜类菜肴，甚至新加坡黑胡椒炒蟹这类辛辣菜肴都能搭配。

维蒂奇诺(Verdicchio) 　意大利传统葡萄品种之一，主要产区为靠近亚德里亚海的两大 DOC 产区：Verdicchio di Matelica 和 Verdicchio Dei Castelli di Jesi，因而与海鲜搭配尤为出色。风格多样，从轻盈清爽到较饱满、果香馥郁的风格皆有，是能与许多菜肴完美搭配的理想餐酒。

维蒙蒂诺(Vermentino) 　该葡萄品种广泛种植于撒丁岛，Liguria 地区也有种植。法国南部的朗格多克鲁西荣(Languedoc-Roussillon)也可见其身影。在撒丁岛，该葡萄会在早期进行采收从而保留其酸度，这样酿制出的酒口感清新脆爽。最近，酒体较为饱满的维蒙蒂诺也开始在市场出现，但数量有限。

维欧尼(Viognier) 　酒体饱满、芳香馥郁的葡萄品种。北隆河谷酿制的维欧尼最为细腻，散发着精致的香料、桃子的芳香以及矿物气息，质地柔滑。该葡萄品种的种植相对困难，因为它很容易因糖分含量过高而导致酿出的酒酒精度不平衡。最优质的维欧尼质地柔滑，酒体饱满，花香四溢，回味绵长。酒体稍显单薄、矿物气息和酸度突出的酒款可以与泰国菜和越南菜完美搭配。

维尤拉(Viura) 　广泛种植于西班牙北部的白葡萄品种。在里奥哈被称作 Viura，在加泰隆尼亚被叫做马卡波(Macabeo)，通常被用来酿制起泡酒加瓦。在里奥哈，它通常会在橡木桶中陈酿，酿出的酒中等酒体，很好配餐。虽然法国等其他地区也种植有该葡萄品种，却不像在西班牙北部那么盛行。

红葡萄酒：

阿马罗内瓦尔波利塞拉（Amarone Della Valpolicella）　用晒干的葡萄酿制而成的酒。酒体饱满，带有葡萄干的香气。葡萄品种 Corvina, Rondine 和 Molinara 也被用来酿制意大利北部的瓦尔波利塞拉酒。葡萄经过数月的风干，进行发酵并在橡木桶中陈酿，从而酿制出高酒精度的浓郁葡萄酒。现代风格的阿马罗内带有浓郁的甜浆果和巧克力蛋糕的风味，口感浓郁，与丰盛的韩国烧烤搭配颇为理想。

芭芭罗斯科（Barbaresco）　由种植在皮埃蒙特芭芭罗斯科（意大利西北部）村庄的内比奥罗葡萄酿制而成的花香馥郁、果味突出的葡萄酒。与巴罗洛酒相似，但口感集中度、单宁和酸度都较低。通常而言，它比巴罗洛拥有更多果味和圆润的口感，因为在装瓶前它只经过短暂的陈年。紧实的单宁使其能与沙爹等烤肉串食物完美搭配。

芭贝拉（Barbera）　一种源自意大利皮埃蒙特的百搭型红葡萄品种。酿制出的酒呈浓郁的红宝石色，酒体饱满，带浆果风味。之前常被用来酿制便宜助兴的酒。不过，优质的芭贝拉能够复制以内比奥罗为主的酒所带有的浓郁且集中的水果特征，酸度生动，单宁紧实。与巴罗洛相比，它的风格没那么严谨，大部分都适合在年轻时享用，与丰盛的肉类亚洲菜肴搭配甚为理想。

巴罗洛（Barolo）　名字来源于意大利西北部皮埃蒙特巴罗洛村庄。是由内比奥罗葡萄酿制出的口感最为集中的酒，意大利最优质的红酒之一。巴罗洛带有突出的玫瑰花瓣、紫罗兰和焦油的气息。清淡的色泽颇具欺骗性，因为该酒高单宁、酒力强劲，酒精和酸度高，果味浓郁。顶级巴罗洛的窖藏能力能与顶级波尔多城堡酒一较高下。成熟的巴罗洛与以肉类为主的上海菜和中国北方菜肴搭配很理想。

布鲁耐罗（Brunello di Montalcino）　桑娇维塞在蒙塔尔奇诺（Montalcino）地区的优良克隆品种，通常不与其他品种混调。它能酿制出意大利最细腻、层次最复杂的红酒。在法律上，它可以在经过两年桶中陈酿后于第四年上市。该酒具有不俗的窖藏潜力，风格严谨，所带有的肉汁风味使其能与日本和韩国一些鲜味突出的咸辣炖菜搭配。

赤霞珠（Cabernet Sauvignon）　世界上最广为人熟知的红葡萄品种，各种气候条件下均有种植，最适宜种植在温和而非太炎热或太凉爽的地区。颗粒小，皮厚，酿制出的酒浓郁、酒体饱满、单宁突出，具有非凡的窖藏能力。不过，即使完全成熟，该品种仍会带有明显的植物或草本气息，通常被用来做成混调或单一品种酒，其中经典的例子带有浓郁集中的黑醋栗气息，主要来自波尔多、纳帕谷和库纳瓦拉。该品种因高单宁很难与许多亚洲美食搭配，不过，成熟之后在配餐上会变得更有灵活性。

品丽珠（Cabernet Franc）　该品种似乎活在其更为知名的混调搭档赤霞珠的阴影下。它与赤霞珠相似，带有草本气息，但通常缺少深度，并且集中度不够——除了圣艾米利永地区类似白马庄出品的酒。在卢瓦河谷，该品种酿出的酒酒体中等，带有黑莓和铅笔芯的气息。当被制成单一品种酒时，它很难与亚洲菜肴搭配，一旦做成混调酒，则与许多韩国和中国北方肥腻的猪肉菜肴搭配甚为理想。

经典奇昂第（Chianti Classico）　位于托斯卡纳的一个地区，酿制出的酒采用桑娇维塞加上其他意大利或国际性红葡萄品种混配而成。该酒酒体中等，带有酸樱桃、泥土的气息。优质的酒款，例如 Riserva 级酒需要在上市之前陈酿至少两年。经典奇昂第的单宁气息过重，与难以搭配的火锅和寿喜烧相伴颇为理想。

多赛托（Dolcetto）　早熟的意大利品种，几乎仅在西北部的皮埃蒙特有种植，通常被制成单一品种酒。酿出的酒口感柔和且圆润，果味浓郁，带有甘草和黑樱桃的气息，酒体泛浓郁的紫色光泽。这些适合早期享用的酒是与简单的印度或韩国菜搭配的日常之选。

佳美（Gamay）　主要种植于法国博若莱的法国红葡萄品种。酿制出的酒酒精度较低，酸度高，带有新鲜采摘的水果香气。高酸度，轻酒体加上清爽的口感，令这个灵活性高、不受重视的品种可与许多亚洲菜搭配，与井饭等日本家常简餐及休闲的东南亚菜系搭配尤为出色。

歌海娜（Grenache） 广泛种植于西班牙和法国南部、耐旱耐热的葡萄品种。酿出的酒带果味和辛辣气息，酒体中等，低单宁。高灌溉率的葡萄藤酿出的酒平凡无奇，但法国教皇新堡和西班牙普瑞特地区的酿酒商证明了以歌海娜为主的酒也能风格严谨并经得起陈年。在与包括粤菜、日本料理和上海菜在内的众多亚洲菜肴搭配时，简单的隆河山丘酒等以歌海娜为主的酒是理想和安全的选择，因为这些酒能与菜肴的各种风味相匹配。

意大利地区餐酒（IGT） IGT 代表 Indicazione Grohtafica Tipica，该意大利葡萄酒等级于 1992 年引入，为那些采用非法定葡萄品种或酿酒方法，未达到 DOC 和 DOCG 标准的酒而设。这些酒通常性价比较高，目标则是国际消费者。典型的地区餐酒级红酒比起传统风格的酒风格更大胆，果味更直接，并带有浓烈的新橡木气息。不幸的是，这些单宁突出、高酒精度的酒在与亚洲菜搭配时并不如传统型酒来得那么百搭。

马尔白克（Malbec） 在法国，该品种的流行度正日益减弱，但在阿根廷却十分成功。最优秀的马尔白克带有浓郁的成熟黑莓的水果风味，夹杂着紫罗兰的气息，并能进行窖藏。单宁突出，因而与亚洲菜搭配颇有难度，但可以与印度或韩国的炖肉菜搭配。

梅鹿辄（Merlot） 波尔多优质红葡萄品种之一，通常会与赤霞珠混调以柔和、圆润后者艰涩的单宁。波尔多右岸出产顶级梅鹿辄，口感浓郁集中，与赤霞珠为主的葡萄酒同样具有不俗的窖藏潜力。通常来说，梅鹿辄带有洋李、平易近人的果味且单宁质地柔滑。这些特征使其与风味浓郁的亚洲菜肴，例如串烧、烤肉和沙爹牛肉搭配时尤为出色，因为圆润的单宁不会与菜肴的辣味和咸味起冲突。

蒙帕赛诺（Montepulciano） 以托斯卡纳同名城镇命名、种植广泛的红葡萄品种。该晚熟品种能酿制出饱满酒体（特别是在阿布鲁佐）、酸度和单宁适中的红酒。一般来说，该酒宜早期享用，是适合搭配丰盛菜肴的简单且实惠的选择。

慕合怀特（Mourvedre） 法国南部和西班牙十分流行的晚熟型葡萄品种，通常被用来混调。当与歌海娜、西拉和神索混调时，慕合怀特能为葡萄酒提供颜色和单宁架构。普罗旺斯邦斗尔（Bandol）等地区有酿制慕合怀特为主的酒，但数量极其有限。该酒强劲的单宁使其难以与亚洲菜肴搭配。

内比奥罗（Nebbiolo） 意大利北部皮埃蒙特地区本土的出色红葡萄品种。在那里，该品种被酿制成果香馥郁、层次复杂且具窖藏能力的巴罗洛和芭芭罗斯科酒。皮薄加上多变的天性使其很难操作或完美地成熟。不过，顶级酒款口感集中，果香复杂并能够窖藏数十年。成熟的内比奥罗与许多野味和禽肉，例如雏鸟、鸭肉和鹅肉搭配十分理想。请参见巴罗洛和芭芭罗斯科部分。

黑曼罗（Negroamaro） 意大利南部本土品种，果皮颜色深，可制成单一品种或混调酒。广泛种植于 Puglia 地区，酿出的酒大多数酒体饱满，风格强劲，可与简单的肉类菜肴搭配。

比诺塔基（Pinotage） 黑比诺和神索（Cinsault）葡萄的杂交品种，大部分种植于南非。通过精心打理的最优质比诺塔基酒体饱满、带有肉汁和野红莓的风味。其中的一些会带有烟熏味、烧焦的气息和不稳定的果香。野味和辛辣特征使其与红肉菜肴搭配比较合适，切记避免选择那些炎热内陆地区的红肉菜肴，因为它们会加重酒精味。

黑比诺（Pinot Noir） 皮薄，变幻无常，因而需要种植者满足其极高的要求以酿制出优雅细腻的酒。黑比诺需要种植者和酿酒师无微不至的照料和关注，需要凉爽的天气加上足够的阳光，慢慢地成熟后酿成带有成熟覆盆子和草莓芳香的葡萄酒。其酒体轻盈，风格优雅，复杂的酒款带有多层水果香气并夹杂泥土、蘑菇、灌木丛和野味气息。最优质的当属勃艮第酿制的黑比诺，但许多新世界凉爽产区也开始酿制诱人的黑比诺。考究的黑比诺百搭、口感清爽、风格优雅，是能够搭配许多亚洲菜的完美红酒。它也是我搭配几乎所有亚洲美食的首选，无论是韩国菜、中餐、日本料理或泰国菜。

桑娇维塞（Sangiovese） 托斯卡纳地区用来酿制优质酒的主要葡萄品种，酿制的酒包括奇昂第，Brunello di Montalcino 和超级托斯卡纳混调酒。简单的桑娇维塞酒体中等，带有酸莓果的风味，但最优秀的桑娇维塞带着复杂的果味特征，口感更加浓稠，并具备数年的窖藏潜力。简单型酒适合搭配日常单碗的面食或饭类，而较为严谨的酒可以与烤肉，特别是烤猪肉和烤鸭等菜肴搭配。请参见经典奇昂第和布鲁耐罗（brunello di Montalcino）部分。

超级托斯卡纳（Super Tuscans） 该名称指不符合传统意大利分级系统（DOC 和 DOCG）标准的高端托斯卡纳红酒，通常，它会采用国际品种混合桑娇维塞等本土品种酿制而成。1960 年代，Antinori 率先开创了这类酒的先河并酿制出了 Sassicaia， 将全世界的目光和赞誉带入了意大利西部沿海地区。请参见意大利地区餐酒部分。

西拉（Syrah/Shiraz） 优质西拉口感浓郁，层次复杂且个性突出。它是法国北隆河谷主要的葡萄品种，酿制出的红酒带有突出的辛辣气息，层次复杂且酒体饱满。经典的描述词包括黑胡椒、辛辣、皮革和野味气息，用亚洲词汇来描述则是包含烤鸭、叉烧、混合辛香料和五香粉的气息。优质酒款出自 Cote-rotie 和赫米塔希。它同时还是澳洲的主要红葡萄品种，酿制出 Grange 和 Hill of Grace 这类收藏级酒。该品种能够在多种气候和土壤条件下种植，通常用来酿制单一品种酒，有时也作为混调的一部分。与丰盛、风味浓郁的印度菜和东南亚肉类为主的菜肴搭配十分出色。

添普兰尼洛（Tempranillo） 广泛种植于西班牙北部的本土品种，能够酿制各类风格的葡萄酒，从简单的草莓和香草气息突出的酒，到浓郁、口感集中、能够长期窖藏的酒皆有。较轻盈的酒款中等酒体，酒精和单宁含量适中；较浓郁的酒款酒体饱满，单宁耐品、紧实并带有黑色浆果的风味。该品种适合长时间的橡木桶陈酿。传统里奥哈标志性的特点就是甘甜、带椰子气息的美国橡木桶味。较为凉爽的产区多罗河岸酿制的添普兰尼洛带有惊人的集中度和浓郁度。简单的添普兰尼洛为主的酒是适合与薄饼和紫菜卷（韩国米饭卷）等亚洲小食搭配的日常酒。

瓦尔波利塞拉（Valpolicella） 位于意大利东北部维纳图内的一个地区。采用 Corvina、Rondinella 和 Molinara 三个品种酿制葡萄酒。基本款瓦尔波利塞拉轻盈、果味突出，适合在年轻时饮用。严谨风格的则带有更浓郁的红莓果风味和更为紧实的单宁。不过，瓦尔波利塞拉酒鲜少适合窖藏。阿马罗内瓦尔波利塞拉采用同样三种葡萄品种酿造，但在发酵前葡萄需要先晒干。该酒低单宁，带有突出的果味特征，因而灵活性极高，能与众多油炸的亚洲菜肴，甚至辛辣的四川菜搭配。

金芬黛 / 普里米蒂沃（Zinfandel/Primitivo） 金芬黛是与加州联系最为密切的葡萄品种，酿制出的酒从微甜型、价格低廉的绯红酒（Blush wine），到严谨、饱满酒体、能够窖藏的的干型红酒皆有。在意大利，它被称作普里米蒂沃，在 Puglia 等最南部的地区有种植。作为饱满酒体的干型红酒，金芬黛 / 普里米蒂沃带有成熟的草莓水果特征和极高的单宁含量。浓郁的果味加上高单宁使其很难与亚洲菜肴搭配，不过它与风味强劲的炖菜以及烤肉搭配十分不错。

右图: 梅鹿辄葡萄

参考目录

Ashkenazi, Michael & Jacob, Jeanne, 2003. *Food Culture in Japan*. Connecticut, U.S.A.: Greenwood Publishing Group.

Ashkenazi, Michael & Jacob, Jeanne, 2000. *The Essence of Japanese Cuisine: An Essay on Food and Culture*. Pennsylvania, U.S.A.: University of Pennsylvania Press.

Bailey, A., 1990. *Cook's Ingredients*. U.K.: Dorling Kindersley.

Chang, K.C., Editor, 1977. *Food in Chinese Culture*. New York, U.S.A.: Vail-Ballou Press, Inc.

Civitello, Linda, 2008. *Cuisine and Culture, A History of Food and People, Second Edition*. New Jersey, U.S.A.: John Wiley & Sons, Inc.

Dahlen, M., 1995. *A Cook's Guide to Chinese Vegetables*. Hong Kong: The Guidebook Company Ltd.

Davidson, A., 1999. *The Oxford Companion to Food*. U.S.A.: Oxford University Press Inc.

Erbaugh, Mary S., 2000. *Migration and Ethnicity in Chinese History: Hakkas, Pengmin, and Their Neighbors (Review) Journal of World History - Volume 11, Number 1*. Hawaii, U.S.A.: University of Hawaii Press.

Freedman, Paul, Editor, 2007. *Food: The History of Taste*. London, U.K.: Thames & Hudson Publishers.

Goldstein, Evan, 2006. *Perfect Pairings*. California, U.S.A.: University of California Press, Ltd.

Heiss, Mary Lou & Heiss, Robert, J. 2007. *The Story of Tea*. Berkeley, California, U.S.A: Ten Speed Press.

Hoh, Chin-hwa, 1985. *Traditional Korean Cooking*. Korea: Hollym Corporation Publishers.

Huang, Su-Huei, 1976. *Chinese Cuisine*. Taiwan: Wei Chuan Publishing Co. Ltd.

Jaine, T., Editor, 2006. *The Oxford Companion to Food, Second Edition*. Oxford, U.K.: Oxford University Press.

Kahrs, K., 1990. *Thai Cooking*. Bangkok, Thailand: Asia Books Co., Ltd.

Kasabian, Anna & David, 2005. *The Fifth Taste: Cooking with Umami*. New York, U.S.A.: Universe Publishing.

Kiple, Kenneth F. & Ornelas, Kriemhild Conee, 2000. *The Cambridge World History of Food, Volumes I and II*. Cambridge, U.K.: Cambridge University Press.

Labensky, S., Ingram G.G. & Labensky, S.R., Editors, 2001. *Webster's New World Dictionary of Culinary Arts, Second Edition*. New Jersey, U.S.A.: Prentice-Hall, Inc.

Leong, Mary & Storey, Colin, 2005. *Do's and Don'ts in Hong Kong*. Thailand: Book Promotions and Services Co. Ltd.

Leung, Wan Shai, 2008. *Dim Sum in Hong Kong*. Hong Kong: Food Paradise Publishing Co.

Malhi, Manju, 2004. *India with Passion*. London, U.K.: Mitchell Beazley.

Mulherin, J., 1994. *Spices and Natural Flavourings*. London, U.K.: Tiger Books International PLC.

Murata, Yoshihiro, 2006. *Kaiseki*. Tokyo, Japan: Kodansha International Ltd.

Newman, Jacqueline M., 2004. *Food Culture in China*. Connecticut, U.S.A.: Greenwood Press.

Ng, Rebecca S.Y. & Ingram, Shirley, 1995. *Cantonese Culture, Third Edition*. Hong Kong: Asia 200 Ltd.

Nishiyama, Matsunosuke & Groemer, Gerald, 1997. *Edo Culture: Daily Life and Diversions in Urban Japan*. Hawaii, U.S.A: University of Hawaii Press.

Page, Karen & Dornenburg, Andrew, 2008. *The Flavour Bible*. New York, U.S.A.: Hachette Book Group.

Page, Karen & Dornenburg, Andrew, 2006. *What to Drink with What You Eat*. New York, U.S.A.: Hachette Book Group.

Rosengarten, David & Wesson, Joshua, 1989. *Red Wine with Fish*. New York, U.S.A.: Simon & Schuster.

Roy, Denny, 2003. *Taiwan: A Political History*. New York, U.S.A: Cornell University Press.

Rozin, Elizabeth, 1983. *Ethnic Cuisine*. New York, U.S.A.: Penguin Group.

Solomon, C., 1976. *The Complete Asian Cookbook*. Sydney, Australia: Lansdowne Publishing Pty Limited.

Song, Young Jin, 2008. *The Complete Book of Korean Cooking*. London, U.K.: Annes Publishing Ltd.

Soo, L.Y., 1988. *The Best of Singapore Cooking*. Singapore: Times Editions Pte Ltd.

Soon, Edwin & Guy, Patricia, 2007. *Wine with Asian Food*. Singapore: Landmark Books Pte Ltd.

Sweetser, Wendy, 2005. *Asian Flavours*. East Sussex, U.K.: Quintet Publishing Limited.

Ward, Barbara E. & Law, Joan, 2005. *Chinese Festivals in Hong Kong, Third Edition*. Hong Kong: MCCM Creations.

Werle, L. & Cox, J., 1998. *Ingredients*. Rushcutters Bay, Australia: JB Fairfax Press Pty Ltd.

Yoo, Yang-Seok, 2007. *The Book of Korean Tea*. Seoul, Korea: The Myung Won Cultural Foundation.

Zhao, Rong Guang, 2006. *Cultural History of Chinese Food and Drinks*. Shanghai, China: Shanghai People's Publication House.

Zhong, O Yang Fu, 2007. *Chinese Famous Food (Beijing Cuisine)*. Hong Kong: Wan Li Book Co. Ltd.

Zhong, O Yang Fu, 2007. *Chinese Famous Food (Shanghai Cuisine)*. Hong Kong: Wan Li Book Co. Ltd.

Zhou, Fen Na, 2008. *Food and Drinks in China*. Beijing, China: SDX Joint Publishing Company.

Zhu, Zi Sheng & Shen, Hang, 1995. *Cultural History of Chinese Tea and Wine*. Wen Chin Publication Co.

图片目录

图书在版编目（CIP）数据

东膳西酿:葡萄酒与亚洲菜肴搭配/（美）李志延著;
严轶韵,顾冰凌译.–上海：上海文艺出版社.2011.9
ISBN 978-7-5321-4244-6
Ⅰ.①东… Ⅱ.①李… ②严… ③顾… Ⅲ.①葡萄酒–基本知识
Ⅳ.①TS262.6
中国版本图书馆CIP数据核字（2011）第190026号

策　　划：朱明晖

责任编辑：陈　蕾

装帧设计：书艺社

东膳西酿
——葡萄酒与亚洲菜肴搭配

〔美〕李志延 著

严轶韵 顾冰凌 译

上海文艺出版社 出版、发行

上海绍兴路74号

新华书店 经销 杭州富春电子印务有限公司印刷

开本889×1194 1/12 印张18.5 插页2 字数150,000

2011年9月第1版　2011年9月第1次印刷

ISBN 978-7-5321-4244-6/T·53 定价：388.00元

告读者　如发现本书有质量问题请与印刷厂质量科联系

T: 0571-88308130